机器控制器应用技术
——基于 M241 可编程逻辑控制器

主　编　王兆宇
副主编　沈伟峰　杨　渊

机械工业出版社

本书以工控主要设备——PLC、触摸屏、变频器和伺服为主，按照典型应用项目用软硬件融合的方式进行讲解，将 CAN 总线、以太网和 SER-COS 等网络通信的知识点穿插在内，每个项目的硬件都有侧重，包括 PLC 的原理侧重介绍了 M241 PLC 和 M251 PLC 在实际工程中的编程细节。在触摸屏部分避开了繁琐和不常用的功能说明，直接给出了 HMI 在项目中和 PLC 的联合应用。在变频器原理部分点到为止，重点讲解了 ATV320、ATV340 变频器在实际工作中的参数设置。另外，本书通过两款主流伺服控制器 LXM28A 和 LXM32M 以任务的形式对功能进行了分步讲解，使读者通过这种手把手的讲解方式更好地掌握编程并实现机械手抓取物品放到指定位置的动作。特别是对伺服脉冲控制进行了很详细地讲解，使读者在不具备通信知识的基础上，仅通过简单的接线、参数设置及功能块的创建和调用就可以完成伺服电动机的控制和伺服轴的精确移动。

本书中的实训任务都是经过实际设备验证过的，均有变量强制、跟踪，实时曲线，位置和速度的截图。变频器和伺服的参数设置也具体到了数值，这种理论与实际相结合的方式，适用于未来要走入职场的大学生使用，同时也适用于大多数致力于电气工程的工控人员使用。

图书在版编目（CIP）数据

机器控制器应用技术：基于 M241 可编程逻辑控制器/王兆宇主编. ——北京：机械工业出版社，2024.2（2024.12 重印）
ISBN 978-7-111-75287-5

Ⅰ.①机… Ⅱ.①王… Ⅲ.①可编程序控制器 Ⅳ.①TM571. 61

中国国家版本馆 CIP 数据核字（2024）第 050611 号

机械工业出版社（北京市百万庄大街 22 号　邮政编码 100037）
策划编辑：杨　琼　　　　　责任编辑：杨　琼
责任校对：郑　婕　陈　越　　封面设计：马若濛
责任印制：刘　媛
涿州市般润文化传播有限公司印刷
2024 年 12 月第 1 版第 2 次印刷
184mm×260mm · 14. 25 印张 · 349 千字
标准书号：ISBN 978-7-111-75287-5
定价：72. 00 元

电话服务　　　　　　　　　　网络服务
客服电话：010-88361066　　机 工 官 网：www.cmpbook.com
　　　　　010-88379833　　机 工 官 博：weibo.com/cmp1952
　　　　　010-68326294　　金 书 网：www.golden-book.com
封底无防伪标均为盗版　机工教育服务网：www.cmpedu.com

前　言

可编程序控制器（PLC）、触摸屏、变频器和伺服控制器是电气自动化工程系统中的主要控制设备，本书以这四类产品为主，分为四个章节进行软硬件融合地讲解，将网络通信的知识点也穿插在内。PLC 主要以施耐德 EcoStruxure 支持的 TM241/251 为主体，触摸屏以 GXU5512 为对象，并对御程系列 ATV320 变频器和 LXM28A 伺服控制器的产品特点、设计和通信应用进行了详细的说明，对工程中常用的 CANopen 通信网络的通信要点、通信配置和参数设置等要点进行了手把手地讲解和说明。

第 1 章全面地介绍和说明了 M241、M251PLC 和触摸屏 HMI GXU5512，ATV320 变频器、LXM28A、LXM32M 伺服的硬件和产品特点，使读者对施耐德自动化典型整体方案和架构有一个全面的认识。

第 2 章介绍了机器专家软件 ESME 的安装、注册授权以及更改界面语言等技巧，并通过两个任务创建了 TM241 和 LXM32M 伺服项目，详细解释了控制 LXM32 伺服运动的常用功能块库。

第 3 章通过三个任务详细地给出了 M241 PTO 的项目创建、程序编制、登录和下载过程、PLC 的运行操作、调试 LXM32M 电子齿轮比的方法，使读者掌握实际项目中最常用的绝对位置移动、相对位置移动、速度移动这三种伺服工作方式。

第 4 章通过 TM241 PLC 使用 CAN 总线控制 LXM28A 伺服控制器，实现了库房的 3 轴机械手自动取货物机的取、放货操作，对 LXM28A 伺服控制器伺服寻原点方式、回原点功能块、绝对位置移动功能块、相对位置移动功能块、CANopen 参数设置、HMI 手、自动模式、变量设置和三维机械手路径都进行了说明。

本书中的工作任务都是经过实际设备验证过的，采用了理论与实际相结合的方式，有变量强制、跟踪，实时曲线，位置，速度的截图，适用于大多数致力于电气工程的工控人员使用，还适用于未来要走入职场的大学生阅读。

本书在编写过程中，柳杨、王锋锋、郑秀梅、王廷怀、付正、赵玉香、张振英、于桂芝、张晓光、关海燕、马威、王继东、刘月、张晓琳、樊占锁、王兆江、龙爱梅提供了许多资料，张振英和于桂芝参加了本书文稿的整理和校对工作，在此一并表示感谢。限于作者水平和时间，书中难免有疏漏之处，希望广大读者多提宝贵意见。

编著者

2023 年 10 月

目 录

前言

第 1 章　M241/M251 自动控制实训装置的设备 ································· 1

工作任务 1.1　M241/M251 PLC 和 HMI 硬件系统的设计 ·················· 1

职业能力 1.1.1　M241/M251 PLC 硬件系统的设计 ····················· 1

职业能力 1.1.2　GXU5512 触摸屏硬件系统的设计 ····················· 17

工作任务 1.2　ATV320 变频器和 LXM32M/28A 硬件系统的设计 ········· 24

职业能力 1.2.1　ATV320 变频器硬件系统的设计 ····················· 24

职业能力 1.2.2　LXM28A/LXM32M 伺服驱动器硬件系统的设计 ········· 32

第 2 章　M241 伺服控制系统的基础功能 ································· 48

工作任务 2.1　EcoStruxure 软件的使用 ····························· 48

职业能力 2.1.1　正确安装软件、注册授权、更改界面语言 ············· 48

职业能力 2.1.2　能在 EcoStruxure 软件中创建 LXM32M 伺服驱动器项目 ··· 57

职业能力 2.1.3　能在 EcoStruxure 软件中对 LXM32M 伺服驱动器项目进行组态 ··· 64

工作任务 2.2　伺服库中功能块的调用 ····························· 74

职业能力 2.2.1　熟悉 M241 中伺服库的相关知识 ····················· 74

职业能力 2.2.2　熟练操作 M241 对应的伺服库 ····················· 93

第 3 章　PTO 脉冲控制伺服系统的典型应用 ························· 102

工作任务 3.1　PTO 脉冲控制的基础功能实现 ························· 102

职业能力 3.1.1　新建项目实现 LXM32M 伺服驱动器 PTO 控制的使能和故障
处理功能 ·· 102

职业能力 3.1.2　编程实现回原点的功能 ····························· 123

工作任务 3.2　M241 和 LXM32M 伺服系统的运动功能实现 ············· 135

职业能力 3.2.1　编程实现绝对和相对位置的控制功能 ················· 135

职业能力 3.2.2　编程实现单轴伺服 PTO 的速度控制功能 ············· 142

第 4 章　CAN 总线伺服控制系统的典型应用 ················· 156

工作任务 4.1　单轴控制伺服系统的基础功能的实现 ·············· 156

职业能力 4.1.1　新建项目实现 LXM28A 单轴控制伺服系统的使能和故障处理

功能 ············· 156

职业能力 4.1.2　编程实现轴伺服回原点功能的控制 ············· 175

工作任务 4.2　单轴控制伺服系统的运动功能实现 ·············· 186

职业能力 4.2.1　编程实现绝对、相对和叠加位置的控制功能 ········· 186

职业能力 4.2.2　编程实现单轴伺服速度和转矩功能的控制 ········· 208

参考文献 ································ 221

第 1 章

M241/M251自动控制 实训装置的设备

工作任务 1.1　M241/M251 PLC 和 HMI 硬件系统的设计

职业能力 1.1.1　M241/M251 PLC 硬件系统的设计

一、核心概念

（一）PLC

可编程序控制器（Programmable Logic Controller，PLC）是专门为在工业环境下应用而设计的数字运算操作的电子装置。随着生产规模的逐步扩大，市场竞争日趋激烈，对成本和可靠性的要求也越来越高，继电器控制系统已经难以适应工业生产的需要，PLC 控制系统已基本取代大型的继电器控制系统，并广泛应用于工业的各个部门，在传统工业生产中起着重要作用。

（二）PLC 控制系统

PLC 控制系统使用可编程的存储器来存储指令，并实现逻辑运算、顺序运算、计数、定时和各种算术运算等功能，用来对各种机械或生产过程进行控制。

二、学习目标

（一）熟悉 M241CEC24T 的外观和功能区域的分配。

（二）理解 M241 本体上 LED 指示灯的含义。

（三）理解 M241CEC24T 本体端子和元器件的正确接线。

三、基本知识

（一）施耐德 PLC 的分类和应用场景

施耐德 PLC 分为工业机械自动化控制器（PLC）、过程自动化控制平台、安全控制产品、商用机械自动化控制器（PLC）四大类和扩展 I/O 平台。

1. 工业机械自动化控制器（PLC）

Zelio Logic 适用于简单控制的可编程序控制器。

Modicon M100（以下简称 M100）适用于简单 I/O 逻辑控制的可编程序控制器；

Modicon M200（以下简称 M200）适用于一般 I/O 规模的逻辑控制的可编程序控制器；

Modicon M218（以下简称 M218）经济型的可编程序控制器；

Modicon M221（以下简称 M221）适用于对 I/O 规模有较大需求的逻辑控制的可编程序控制器；

Modicon M241（以下简称 M241）高性能一体式的可编程序控制器，为 OEM 客户量身打造；

Modicon M251（以下简称 M251）一款模块化和分布式架构的可编程序控制器；

Modicon M258（以下简称 M258）适用于普通机械设备控制的可编程序控制器；

Modicon M262（以下简称 M262）适用于物联网的高性能可编程序控制器和运动控制器。

2. 过程自动化控制平台

Modicon MC80（以下简称 MC80）适用于光热太阳能行业的可编程序控制器；

Modicon M340（以下简称 M340）适用于复杂设备和中小型项目的可编程序控制器；

Modicon M580（以下简称 M580）适用于以太网自动化控制功能的安全可编程序控制器；

Modicon X80 I/O 平台适用于 M340、M580、昆腾+、Quantum 的 I/O 装置。

3. 安全控制产品

XPSMC、XPSMP、XPSMCM 安全控制器带有安全功能的可编程序控制器；

XPSMF 安全 PLC 是一款安全可编程序控制器；

Modicon M580 带有以太网自动化控制功能的安全可编程序控制器。

4. 商用机械自动化控制器（PLC）

Modicon M171&M172 控制器，根据暖通空调、水泵等模拟量控制需求量身定制的可编程序控制器。

5. I/O 扩展

AdvantysTelefast ABE 7，预接线系统；

Telefast ABE 9，IP 67 无源集线器；

Modicon TM3，适用于 Modicon M200/M218/M241/M251/M262 可编程序控制器的扩展模块；

Modicon TM5 扩展模块，高性能灵活扩展模块，灵活多样的扩展 I/O 模块；

Modicon STB I/O，分布式 I/O 平台；

Modicon TM7 扩展模块，高性能灵活扩展模块，灵活多样的扩展 I/O 模块；

Modicon IP67 以太网 I/O，Modicon ETB I/O 模块符合 IP67 防护等级；

Modicon Momentum I/O，IP20 分布式 I/O；

Modicon Advantys OTB，IP 20 优化型分布式 I/O。

施耐德公司生产的 PLC 产品的种类繁多，配置灵活、结构紧凑，具有丰富的通信方式、完善的编程软件，可以分别用于小、中和大型项目。

目前，施耐德 PLC 广泛应用于钢铁、石油、化工、电力、建材、机械制造、汽车、轻纺、交通运输、环保和文化娱乐等各个行业，使用情况大致可归纳为开关量的逻辑控制、模拟量控制、运动控制、过程控制、数据处理和通信及联网。

有用于简单机器控制的 PLC，也有适合用于纠偏控制、数字张力控制、温度控制、编组分组和取放控制系统的 PLC；有结构紧凑的高性能和高可扩展性的，主要面向包装、物料传输、仓储、纺织以及木工机械设备等行业应用的 PLC；有集运动控制和 PLC 功能于一体的，采用双核处理器，逻辑运算能力强和存储空间大的伺服运动控制器；也有广泛应用于物料搬运机械、输送机械、装配机械、包装机械、木材和金属加工机械等领域的 PLC。

（二）M241 PLC 控制器的外观和功能区域分配

M241 PLC 是具有速度控制和位置控制功能的高性能一体化的 PLC，配置了双核 CPU，能够进行各种数据的运算和处理，将各种输入信号存入存储器，然后进行逻辑运算、计时、计数、算术运算、数据处理和传送、通信联网以及各种应用指令，再对编制的程序进行运行、执行指令，将结果送到输出端，去响应各种外部设备的请求。

具有以太网通信端口的 M241 PLC，提供 FTP 和网络服务器功能，能够十分便捷地整合到控制系统架构中，还可以实现远程监控和维护。

TM241 内置了 Modbus 串行通信端口、USB 编程专用端口，有些型号还集成了用于分布式架构的 CANopen 现场总线、位置控制功能（伺服电动机控制用的高速计数器和脉冲输出功能），学员可以根据工艺的需求选配适合的 M241。

TM241 从 I/O 点数来分，有两款，即 24 点 I/O 和 40 点 I/O。实验台选配了 M241CEC24T 的 PLC，这款 PLC 的外观和功能区域分配图如图 1-1 所示。

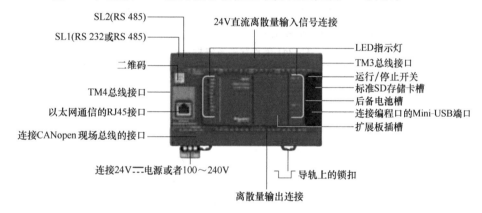

图 1-1　M241CEC24T 的外观和功能区域分配图

可以通过 PLC 的状态指示灯来初步判断 M241 PLC 的故障，TM241CEC24T 的 PLC 状态指示灯位置如图 1-2 所示。

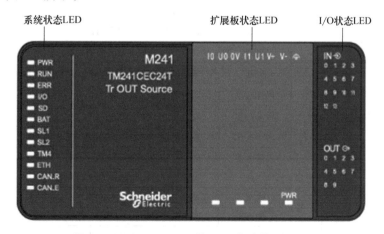

图 1-2　TM241CEC24T 的 PLC 状态指示灯位置

TM241 诊断用的系统状态指示灯的含义见表 1-1。

表 1-1　TM241 诊断用的系统状态指示灯的含义

标签	功能类型	颜色	状态	描　述		
				控制器状态	程序端口通信	应用程序执行
PWR	电源	绿色	亮起	表示已通电		
			熄灭	表示已断开电源		
RUN	机器状态	绿色	亮起	表示控制器正在运行有效的应用程序		
			闪烁	表示控制器中的一个有效应用程序停止		
			闪烁 1 次	表示控制器已在"断点"处暂停		
			熄灭	表示控制器未进行编程	—	—
ERR	错误	红色	亮起	例外	受限制	否
			闪烁	内部错误	受限制	否
			一次闪烁	检测到微小错误	是	否
			闪烁三次	无应用程序	是	是

TM241 硬件状态系统指示灯的含义见表 1-2。

表 1-2　TM241 硬件状态系统指示灯的含义

标签	功能类型	颜色	状态	描　述
				控制器状态
I/O	I/O 错误	红色	亮起	表示串行线路 1 或 2、SD 卡、扩展板、TM4 总线、以太网端口或 CANopen 端口上存在设备错误
SD	SD 卡访问	绿色	亮起	表示正在访问 SD 卡
BAT	电池	红色	亮起	表示电池需要更换
			闪烁	表示电池电量低
SL1	串行线路 1	绿色	亮起	表示串行线路 1 的状态
			熄灭	指示无串行通信
SL2	串行线路 2	绿色	亮起	表示串行线路 2 的状态
			熄灭	指示无串行通信
TM4	TM4 总线上存在错误	红色	亮起	表示 TM4 总线上检测到错误
			熄灭	表示 TM4 总线上没有检测到错误
ETH	以太网端口状态	绿色	亮起	表示已连接以太网端口并且已定义 IP 地址
			闪烁三次	表示未连接以太网端口
			闪烁四次	表示该 IP 地址已使用
			闪烁五次	表示模块正在等待 BOOTP 或 DHCP 序列
			闪烁六次	表示配置的 IP 地址无效
CAN. R	CANopen 运行状态	绿色	亮起	表示 CANopen 总线正常运行
			熄灭	表示 CANopen 主站已配置
			闪烁	表示正在初始化 CANopen 总线
			每秒闪烁 1 次	表示 CANopen 总线已停止

（续）

标签	功能类型	颜色	状态	描　述
				控制器状态
CAN. E	CANopen 错误	红色	亮起	表示 CANopen 总线已停止（总线关闭）
			熄灭	表示未检测到 CANopen 错误
			闪烁	表示 CANopen 总线无效
			每秒闪烁 1 次	表示控制器检测到系统已达到或超过最大错误帧数

　　TM241 控制器前面板最多可插入两个扩展板（取决于控制器型号）。

　　（三）　M251 控制器的外观和功能区域分配

　　Modicon M251 是一款模块化和分布式架构的 PLC，与 M241 不同的是 M251 没有内置的 I/O，它可以通过配置 TM2/TM3 模块来扩展 I/O。M251 系列都配置了串行通信端口和编程端口。

　　M251 控制器也内置了以太网通信端口，也有 FTP 和 Web 服务器功能，也可以非常便捷地整合到控制系统架构当中，可以实现远程监控和维护。

　　M251 有两款 PLC，即 TM251MESE 和 TM251MESC，现场设备（如变频器）和远程 I/O 可以通过 CANopen 总线或以太网端口与 M251 进行通信。

　　1. TM251MESE

　　本体配备了两个 RJ 45 端口的"以太网 1"，和 1 个 RJ 45 端口的"以太网 2"。

　　2. TM251MESC

　　本体配备了两个 RJ 45 端口的"以太网"和 CANopen 主站通信端口。

　　实验台配备了 TM251MESE，TM251MESE 的外观和功能区域分配图如图 1-3 所示。

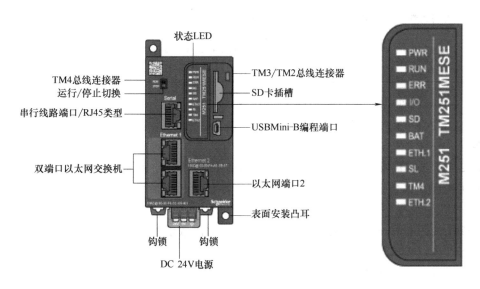

图 1-3　TM251MESE 的外观和功能区域分配图

TM251MESE 状态指示灯的含义见表 1-3。

表 1-3　TM251MESE 状态指示灯的含义

标签	功能类型	颜色	状态	描述
PWR	电源	绿色	亮起	表示已通电
			熄灭	表示已断开电源
RUN	机器状态	绿色	亮起	表示控制器正在运行有效的应用程序
			闪烁	表示控制器中的一个有效应用程序停止
			闪烁 1 次	表示控制器已在"断点"处暂停
			熄灭	表示控制器未进行编程
ERR	内部错误	红色	亮起	表示检测到操作系统错误
			快速闪烁	表示控制器检测到内部错误
			慢速闪烁	表示检测到微小错误（RUN 为"亮起"），表示没有检测到应用程序
I/O	I/O 错误	红色	亮起	表示串行线路、SD 卡、TM4 总线、TM3 总线、以太网端口或 CANopen 端口上存在设备错误
SD	SD 卡访问	绿色	亮起	表示正在访问 SD 卡
BAT	电池	红色	亮起	表示电池需要更换
			闪烁	表示电池电量低
ETH.1 ETH.2	以太网端口状态	绿色	亮起	表示已连接以太网端口并且已定义 IP 地址
			闪烁三次	表示未连接以太网端口
			闪烁四次	表示该 IP 地址已使用
			闪烁五次	表示模块正在等待 BOOTP 或 DHCP 序列
			闪烁六次	表示配置的 IP 地址无效
SL	串行线路	绿色	亮起	表示串行线路的状态
			熄灭	指示无串行通信
TM4	TM4 总线上存在错误	红色	亮起	表示 TM4 总线上检测到错误
			熄灭	表示 TM4 总线上没有检测到错误

（四）ModiconTM3 扩展模块和接线

扩展 TM241/TM251 系统，可以配置 ModiconTM3 模块、安全模块、电动机起动器控制模块等。

TM241 本地扩展最多可以增加 7 个 ModiconTM3 模块，使用 ModiconTM3 接收/发送模块可远程再扩展最多 7 个模块，也就是说 TM241 本地加远程最多可以扩展 14 个 ModiconTM3 模块。

TM241 使用 ModiconTM3 的扩展系统，所配置的离散量 I/O 可以达到 264 点，使用远程模块时可以达到 488 点。配置模拟量 I/O 可以达到 114 点，学员可以将这些模拟量用于接收其他传感器信号，如位置、温度、速度等。ModiconTM3 扩展系统的连接线采用专用的 ModiconTM3 扩展电缆，能够远程连接 5m 范围内的 ModiconTM3 模块，如安装在机柜或者其他空柜里的 ModiconTM3 模块等。ModiconTM3 扩展系统如图 1-4 所示。

实验台上的 M241 配置的扩展模块有 TM3DQ16R、TM3SAC5R、TM3XTRA1、TM3XREC1、

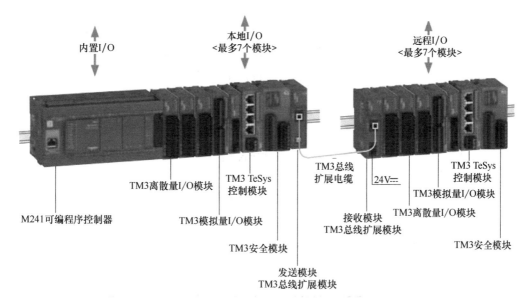

图 1-4　ModiconTM3 扩展系统

TM3DI16、TM3DQ16R。

　　输入模块 TM3DI16：16 通道 24Vdc 数字量输入扩展模块，带 1 个公共端，漏极/源极和可插拔端子块。

　　安全模块 TM3SAC5R/G：在 TM3ExpertI/OModuls 硬件分组中添加这个模块，可以达到 CAT3 的安全等级，设备失效概率最高为性能等级（PL)/安全完整性等级（SIL）2，最大 PL d/SIL2。

　　输出模块 TM3DQ16R：16 通道，2A 继电器输出扩展模块，带两个公共端和可插拔端子块。

　　发射器（接收器）扩展模块 TM3XTRA1（TM3XREC1）：在 TM3ExpertI/OModules 分组下。

　　实验台的 M241 PLC 组建的扩展系统的硬件示意图如图 1-5 所示。

　　安全模块 TM3SAC5R 的接线如图 1-6 所示。

　　发射器 TM3XTRA1 和接收器 TM3XREC1 扩展模块的接线图如图 1-7 所示。

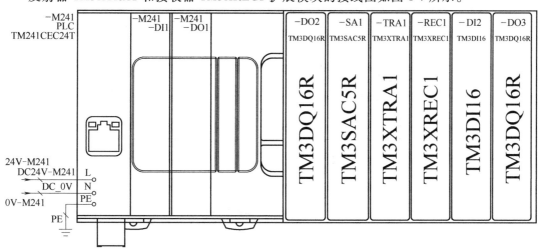

图 1-5　实验台的 M241 PLC 组建的扩展系统的硬件示意图

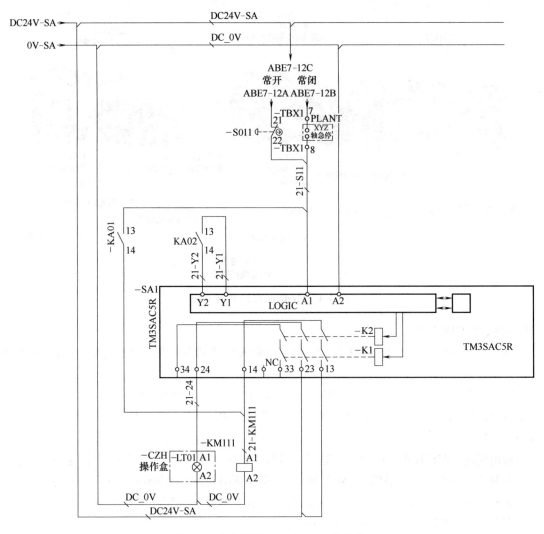

图1-6　安全模块 TM3SAC5R 的接线

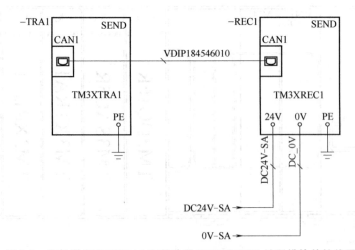

图1-7　发射器 TM3XTRA1 和接收器 TM3XREC1 扩展模块的接线图

（五）实验台控制系统的 M241/M251 的机架结构

实验台的自动控制系统中配置了两块 PLC，即 TM241CEC24T 和 TM251MESE。M241CEC24T 具有 CANopen 现场总线功能和位置控制的 PTO 功能。

M241 和 M251 使用交换机 TCSESU053PN0 进行以太网的数据交互，实验台自动控制系统的 M241/M251 的机架结构示意图如图 1-8 所示。

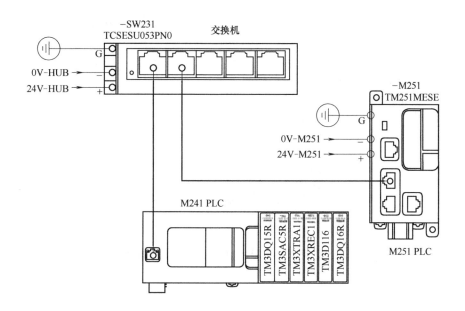

图 1-8　实验台自动控制系统的 M241/M251 的机架结构示意图

（六）M241 电控柜的接线

实验台 M241 电控柜的主电源接线示意图如图 1-9 所示。

M241 电控柜的控制电源接线示意图如图 1-10 所示。

实验台 M241 PLC 本体 DI1 的控制电路示意图如图 1-11 所示。在 M241CEC24T 的 DI1 上安装的输入端元件是按钮 PB601 和熔断器，输入端元件连接到 DC24V 的 24V+，COM 端接 DC24 的 0V，应保证接入的相线和零线的电源的正确性。

PLC 的输出接口电路是 PLC 与外部负载之间的桥梁，能够将 PLC 向外输出的信号转换成可以驱动外部执行电路的控制信号，以便控制如接触器线圈等电器的通断电。实验台控制系统中实验台 M241 PLC 本体 DO1 的控制电路示意图如图 1-12 所示。

实验台控制系统扩展了两块数字量输出模块 TM3DQ16R，扩展的 DO2 的电路示意图如图 1-13 所示。

实验台扩展数字量输出模块 TM3DQ16 RDO3 的电路示意图如图 1-14 所示。

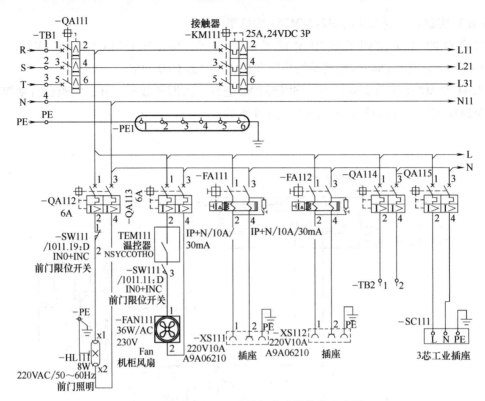

图 1-9　实验台 M241 电控柜主电源接线示意图

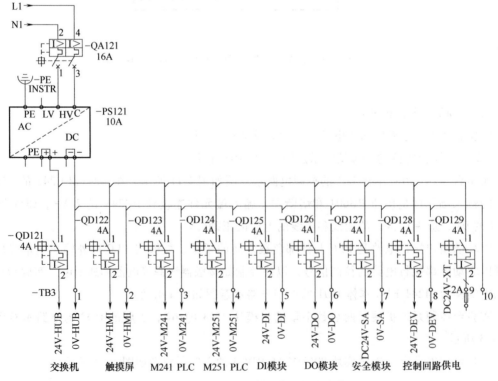

图 1-10　M241 电控柜控制电源接线示意图

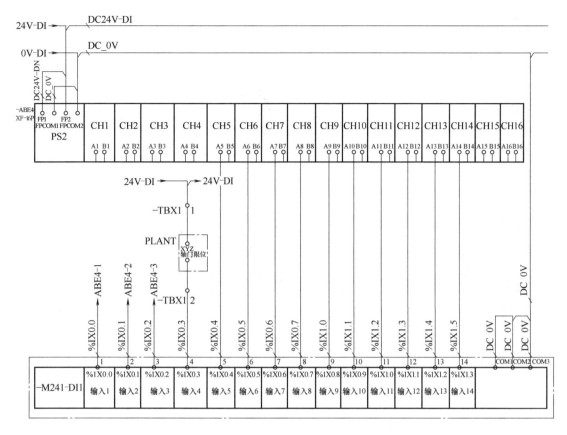

图 1-11　实验台 M241PLC 本体 DI1 的控制电路示意图

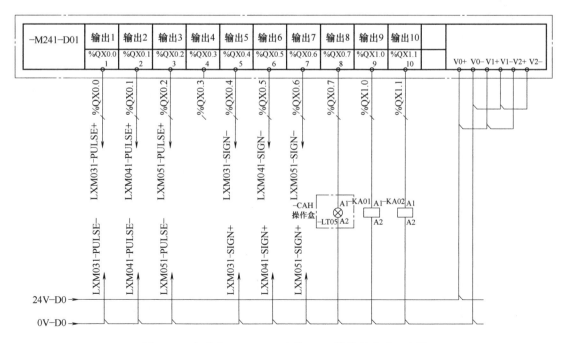

图 1-12　实验台 M241PLC 本体 DO1 的控制电路示意图

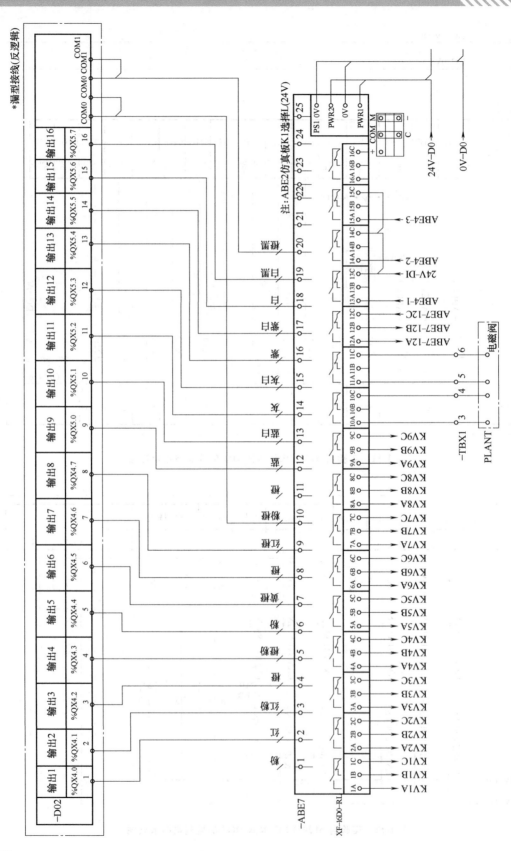

图 1-13　实验台扩展数字量输出模块 DO2 的电路示意图

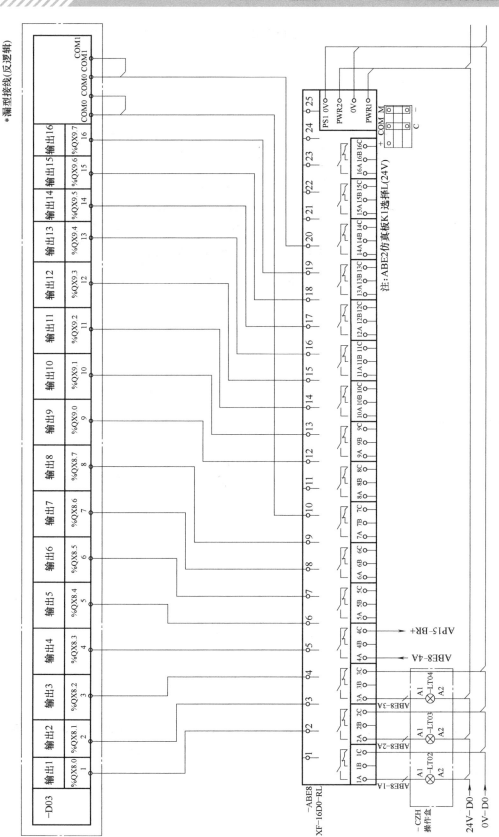

图 1-14 实验台扩展数字量输出模块 TM3DQ16RDO3 的电路示意图

实验台控制系统扩展数字量输入模块 TM3DI16，扩展数字量输入模块 DI2 的电路示意图如图 1-15 所示。

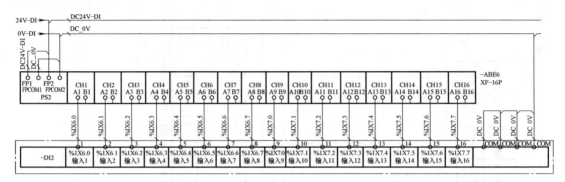

图 1-15 扩展数字量输入模块 DI2 的电路示意图

实验台设备中使用的 8 通道和 16 通道的操作盒的原理图如图 1-16 所示。

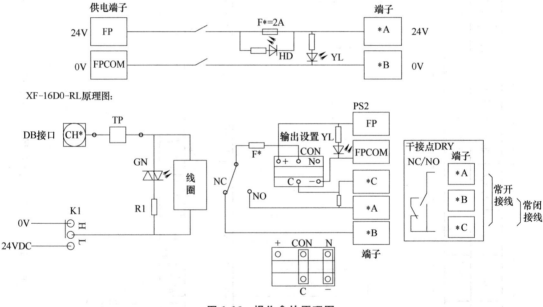

图 1-16 操作盒的原理图

四、能力训练

（一）操作条件

1. 实验环境的要求：通风良好，温度为 15～35℃，相对湿度为 20%～90%，照度为 200～300lx，无易燃、易爆及腐蚀性气体或液体，无导电性粉尘和杂物。

2. 实验室的要求：应有安全用具、防护用具和消防器材等。

3. 实验台的要求：实验台与电气系统设计相一致，电控柜接地良好，电机绝缘良好，设备元器件齐全，无脱线现象。实验台稳固，台面清洁。

4. 工具和仪器仪表的要求：符合装备和调试的常用工具和仪器仪表。定期检查、清洁以保证其性能良好。

5. 操作计算机的要求：操作系统安装完成后，PC 网口或 USB 端口能够正常工作。

（二）安全及注意事项

1. 实验台设备应符合 IEC 61508-2—2010 标准，即符合电气/电子/可编程电子安全相关系统的要求。实验人员必须严格执行国家安全作业规定。

2. 操作人员必须具备必要的电工知识，熟悉供电系统和各种电气设备的性能和操作方法，还应具备在异常情况下采取相应措施的处理能力。

3. 实验期间禁止乱放、乱拉和乱接电线电缆。

4. 在进行供电与停电操作及相关的电气实验操作时，必须穿戴合格的绝缘手套和绝缘鞋，必须按照正确的顺序进行操作。

5. 接线作业完成后，经实验室教师复核同意后方可进行通电，或电气实验操作；实验操作分为两组人员，一组做实验，另一组进行安全监控，实验的所有进程都应有教师的监督和指导。

6. 实验结束后，恢复实验设备至初始状态，清理台面并将工具和仪器仪表归位。

（三）操作过程

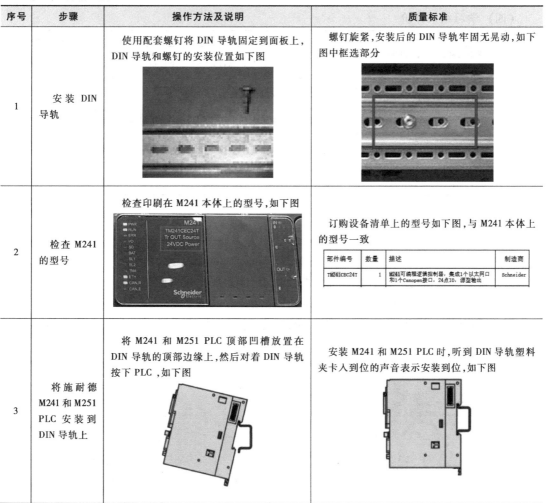

序号	步骤	操作方法及说明	质量标准
1	安装 DIN 导轨	使用配套螺钉将 DIN 导轨固定到面板上，DIN 导轨和螺钉的安装位置如下图	螺钉旋紧，安装后的 DIN 导轨牢固无晃动，如下图中框选部分
2	检查 M241 的型号	检查印刷在 M241 本体上的型号，如下图	订购设备清单上的型号如下图，与 M241 本体上的型号一致
3	将施耐德 M241 和 M251 PLC 安装到 DIN 导轨上	将 M241 和 M251 PLC 顶部凹槽放置在 DIN 导轨的顶部边缘上，然后对着 DIN 导轨按下 PLC，如下图	安装 M241 和 M251 PLC 时，听到 DIN 导轨塑料夹卡入到位的声音表示安装到位，如下图

（续）

序号	步骤	操作方法及说明	质量标准
4	M241 本体的 DI 和 DO 上的端子接线	将电线接上接头以后，将电缆插入 DI 和 DO 端子里，使用小螺丝刀拧端子上的螺钉，将插入的接头拧紧，如下图	完成 M241 PLC 本体的端子接线并压紧后，用手拉不出，连接好的端子如下图

问题情境：

在电控柜安装空间受到限制时，是否将 TM241 竖立安装？应注意哪些事项？

这种情况下，为了保证散热，必须将扩展模块安装在 TM241 的上方。禁止将扩展模块安装在 TM241 下方。

（四）学习结果评价

序号	评价内容	评价标准	评价结果
1	掌握 TM251 本体和 TM241 的区别	TM241 本体带有 I/O 点，而 TM251 本体没有 I/O 点	
2	掌握在 DIN 导轨上安装 PLC 和扩展模块的要点	应知道模块安装到位时会有"咔哒"一声	
3	具备检查 I/O 模块上连接电线虚接与否的技巧	掌握在 I/O 端子上插入压接好的电线，并用螺丝刀旋紧的安装方法，知道用手拉一下电线，虚接的电线会松脱的方法	
4	掌握 TM241 和 TM251 的 LED 指示灯 RUN 绿色亮起的含义	应知道 RUN 绿色亮起表示的是 PLC 控制器正在运行有效的应用程序	

五、课后作业

（一）在施耐德官网下载"Modicon M241 Logic Controller-硬件指南"和"Modicon TM3 扩展模块配置编程指南"并仔细研读，TM241 从 I/O 点数分为两款，即 24 点 I/O 和 40 点 I/O，TM3XTRA1 和 TM3XREC1 扩展模块的用途是_____。

（二）按照实验台控制系统的 M241/M251 的机架结构示意图，给出图 1-17 控制系统中元器件名称。

图 1-17　控制系统

职业能力 1.1.2　GXU5512 触摸屏硬件系统的设计

一、核心概念

（一）触摸屏

触摸屏也称 HMI，是实现人与机器信息交互的数字设备，HMI 通过组态软件的项目创建、组态、画面制作、网络通信和通信参数设置等操作，能够与标准的用户程序相结合。

（二）HMI 的信息交互

利用 HMI 的显示屏显示，通过触摸屏、键盘、鼠标等这些输入单元写入工作参数或输入操作命令，实现人与机器的信息交互，从而使用户建立的人机界面能够精确地满足生产的实际要求。

二、学习目标

（一）精通 HMI 接口的位置和以太网电缆的正确接线。

（二）掌握以太网 RJ45 插头上 LED 指示灯的含义。

（三）掌握实验台交换机以太网连接的三台设备。

三、基本知识

（一）施耐德触摸屏的分类和应用场景

施耐德 HMI 是人机界面中的智能显示设备，人机界面分为小型高级面板、高级 HMI 面板、工业计算机和显示器三大类。

1. 小型高级面板

HMIST6 基础型触摸屏是施耐德全新基础型触摸屏系列；

Magelis STU 是模块化触摸屏终端；

Magelis GTO 是高级图形终端；

Magelis XBT N，R，RT 是小型显示终端；

Easy Harmony ET6 是简易、可靠、安全的经济型可触摸的人机面板；

Magelis XBT GK 是触摸屏/键盘图形终端；

Magelis XBT GTW 是开放式图形终端；

睿易系列 Magelis GXU 用于简单机器的触摸屏高级面板。

2. 高级 HMI 面板

Magelis XBT GT 是高级图形终端；

Magelis GTU 是高级图形触摸屏，具有多点触摸的功能和分离设计的类型；

Harmony GTUX 是室外宽温防护型 HMI 面板；

HMIGK 按键式触摸屏具有触摸屏和按键盘的图形终端，可以在恶劣环境中应用。

3. 工业计算机和显示器

Magelisi Display 监视器是工业触摸显示器；

Harmony P6 是全新的数字化一代的工业计算机；

Magelis 平板计算机和箱式工控机是工业自动化认证的 PC BOX。

HMI 在工业控制领域中用于连接可编程序控制器、直流调速器、变频器和仪表等工业控制设备，使用显示屏进行显示，这些设备工作状态的显示包括指示灯、按钮、文字、图形和曲线，数据、文字输入操作，打印输出，生产配方存储，设备生产数据的记录等。

HMI 能够进行简单的逻辑和数值运算，具有多媒体功能，可以连接多种工业控制设备进行组网。

HMI 在公共信息应用领域，用于公共信息的查询和录入等。

（二）GXU5512 触摸屏的外观和功能区域分配

GXU5512 触摸屏是施耐德睿易系列 Magelis GXU 高级面板，为 OEM 量身定制，可以应用在纺织、包装行业，也可以应用在暖通空调、泵、机床、塑料及橡胶、印刷、建筑机械等机型上。

GXU5512 触摸屏能够进行动画显示，对数字值及字母数字混合式数值进行控制和修改，显示日期和时间，具有实时曲线及趋势曲线，报警方面具有报警显示、报警日志及报警组的管理，可以进行多窗口管理，由操作者触发的界面调用。GXU5512 触摸屏提供了 10 种语言可供用户使用，能够进行配方管理，通过 Java 脚本进行数据处理，在 U 盘上保存应用程序和日志，也可以管理打印机及条形码阅读器。

实验台配备了 GXU5512 触摸屏，其外观和功能区域分配图如图 1-18 所示。

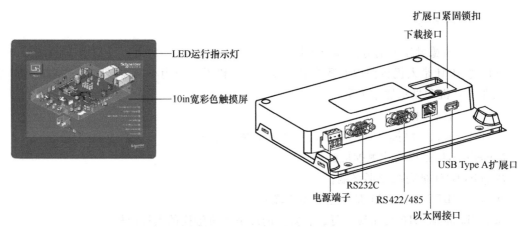

图 1-18　GXU5512 触摸屏的外观和功能区域分配

（三）实验台自动控制系统触摸屏的机架结构

实验台自动控制系统选配的触摸屏为 GXU5512、10in 宽屏，分辨率为 800×480，TFT65000 色，1 个 USB，2 个串口，有电池，内置以太网，在系统中的机架机构如图 1-19 所示，采用的是以太网通信。

（四）GXU5512 触摸屏的接线

从面板上拔下电源插头，使用双绞线进行连接，将电源线一直绞合到电源插头处，以消除电磁干扰，将插入双绞线的电源插头装回电源连接器上，请勿将导线直接焊接到电源插座的引脚上。

GXU5512 触摸屏配有 IEEE 802.3 兼容的以太网通信端口，能够以 10Mbit/s 或 100Mbit/s 的速率传输和接收数据，GXU5512 触摸屏与交换机 TCESU053FN0 的接线图如图 1-20 所示。

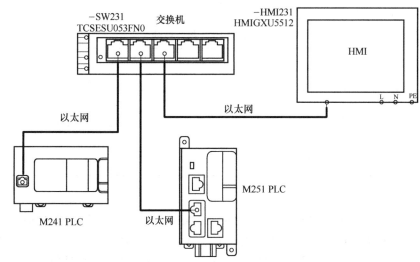

图 1-19　HMI 在实验台 M241/M251 自动控制系统中的机架结构

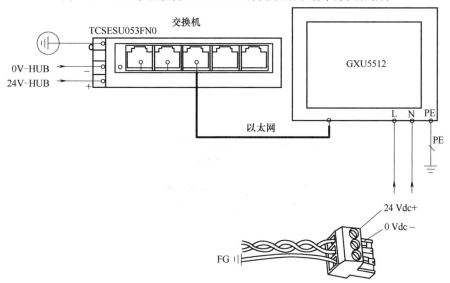

图 1-20　GXU5512 触摸屏与交换机 TCESU053FN0 的接线图

实验台控制系统中的 GXU5512 触摸屏与交换机 TCESU053FN0 的数据交换使用的是以太网，RJ45 以太网连接器引脚分配如图 1-21 所示。

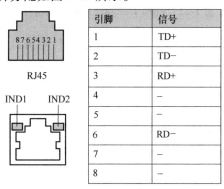

引脚	信号
1	TD+
2	TD−
3	RD+
4	−
5	−
6	RD−
7	−
8	−

图 1-21　RJ45 以太网连接器引脚分配

以太网 LED 指示灯的含义见表 1-4。

表 1-4 以太网 LED 指示灯的含义

标签	说明	LED			
		彩色	状态	说明	
IND1	以太网状态	绿色	熄灭	无连接或后续传输故障	
			亮	可进行数据传输	
IND2	以太网活动	绿色	熄灭	无数据传输	
			亮	正在进行数据传输	

（五）Vijeo Designer 软件

施耐德 Vijeo Designer 软件能够为人机界面（触摸屏）设备创建操作员面板并配置操作参数。软件提供了设计 HMI 项目所需要的所有工具，包括从数据采集到项目创建等。

Vijeo Designer 软件的编程界面如图 1-22 所示，包括主菜单、状态区域、工具栏、工作区域、编辑区和部件区。

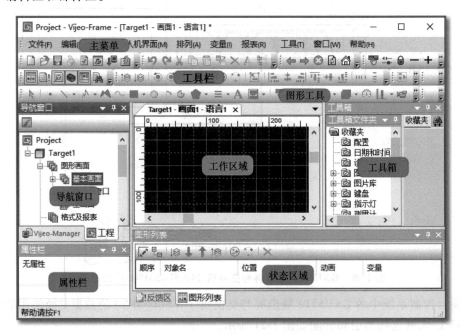

图 1-22 Vijeo Designer 软件的编程界面

双击图标 进入 Vijeo Designer 软件，在打开的软件中可以创建新工程，或打开现有工程，或打开最近工程，这里点选【创建新工程（P）】，单击【下一页】按钮，如图 1-23 所示。

在工程名称中输入新建工程的名称并进行描述，单击【下一页（N）】。

在型号中，选择实验台配置的【HMIGXU5512x（800x480）】进行 HMI 的添加，单击【完成】按钮完成 HMI 项目的创建。

在 HMI 的界面中，用户可以放置开关、指示灯，或者绘制其他对象。使用鼠标右键单击【图形画面】下的【基本画面】，选择【新建画面（N）】开始创建画面，如图 1-24 所示。

图 1-23　创建新工程

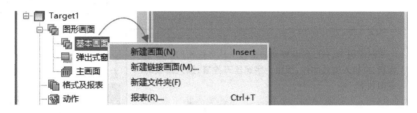

图 1-24　创建新的基本画面

新建画面完成后，在【基本画面】中将会显示出新创建的基本画面 1。

四、能力训练

（一）操作条件

1. 实验环境的要求：通风良好，温度为 15～35℃，相对湿度为 20%～90%，照度为 200～300lx，无易燃、易爆及腐蚀性气体或液体，无导电性粉尘和杂物。

2. 实验室的要求：应有安全用具、防护用具和消防器材等。

3. 实验台的要求：实验台与电气系统设计一致，电控柜接地良好，电机绝缘良好，设备元器件齐全，无脱线现象。实验台稳固，台面清洁。

4. 工具和仪器仪表的要求：符合装备和调试的常用工具和仪器仪表。定期检查、清洁以保证其性能良好。

5. 操作计算机的要求：操作系统安装完成后，PC 网口或 USB 端口能够正常工作。

（二）安全及注意事项

1. 实验台设备应符合 IEC 61508-2—2010 标准，即符合电气/电子/可编程电子安全相关系统的要求。实验人员必须严格执行国家的安全作业规定。

2. 操作人员必须具备必要的电工知识，熟悉供电系统和各种电气设备的性能和操作方法，还应具备在异常情况下采取相应措施的处理能力。

3. 实验期间禁止乱放、乱拉和乱接电线电缆。

4. 在进行供电与停电操作及相关的电气实验操作时，必须穿戴合格的绝缘手套和绝缘鞋，必须按照正确的顺序进行操作。

5. 接线作业完成后，经实验室教师复核同意后方可进行通电，或电气实验操作；实验操作分为两组人员，一组做实验，另一组进行安全监控，实验的所有进程都应有教师的监督和指导。

6. 实验结束后，恢复实验设备至初始状态，清理台面并将工具和仪器仪表归位。

（三）操作过程

序号	步骤	操作方法及说明	质量标准
1	检查HMI的型号	检查设备清单上的型号如下图，与HMI本体上的型号一致 表格： 部件编号 / 数量 / 描述 / 制造商 HMIGXU5512 / 1 / 10 in宽屏，分辨率800×480，TFT 65000色，1个USB，2个串口，有电池，内置以太网 / Schneider	印刷在M241本体上的型号，如下图，与设备清单一致
2	安装HMI并用螺钉固定	按照说明书，在已经开好孔的柜门上从电控柜的前面插入面板，再插入安装扣件，使用十字螺丝刀拧紧，插入面板的示意图如下 	旋紧螺钉，HMI安装完成后，拧紧的右下方的螺钉如下图
3	连接HMI的电源	按照图样连接HMI触摸屏的电源，从面板上拔下电源插头，使用双绞线进行连接，将电源线一直绞合到电源插头处，以消除电磁干扰，接线图样如下 	安装完成后，用手拉拽不会脱落，确保没有虚接，如下图

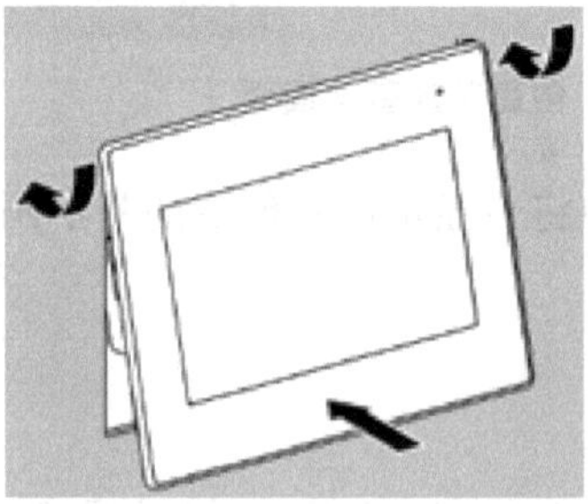

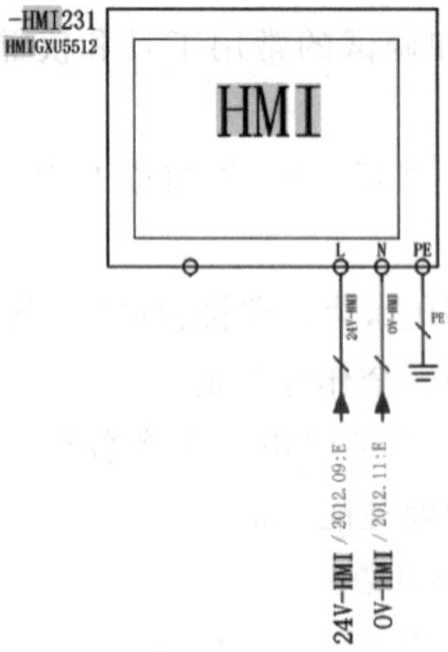

（续）

序号	步骤	操作方法及说明	质量标准
4	给HMI送电	合上控制HMI的断路器,这个断路器在电控柜的上方,断路器如下图 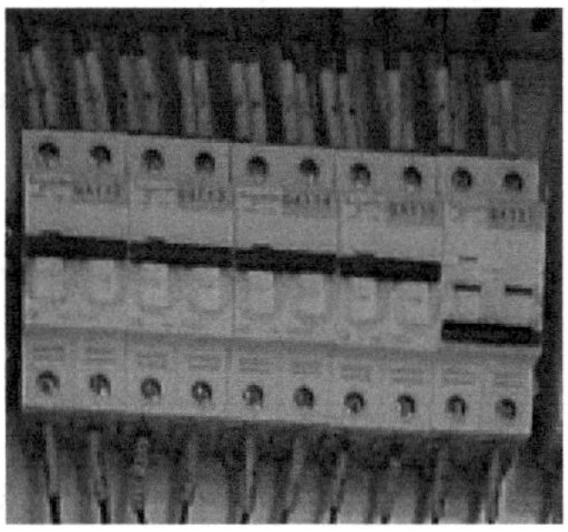 	送电后,HMI前面板的右上角电源指示灯点亮,如下图 
5	安装HMI通信的以太网电缆	将两端安装RJ45插头的以太网通信电缆的一端的插头插入HMI的以太网接口中,以太网网线如下图  	HMI端的网线安装完成后,用手拉拽RJ45插头,确保连接可靠,没有松动,如下图 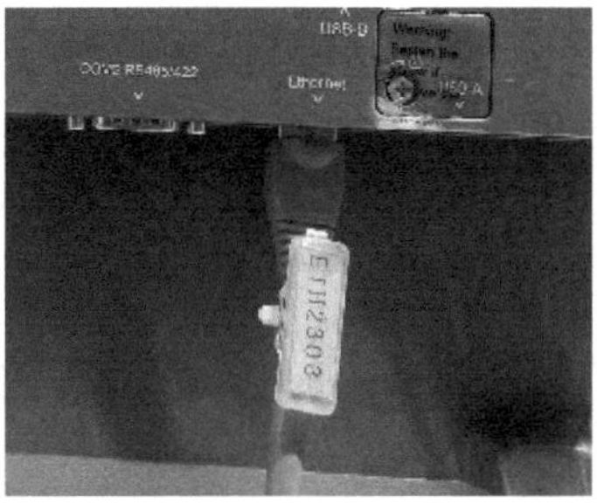
6	安装交换机的以太网电缆	将两端安装RJ45插头的以太网通信电缆的一端的插头插入交换机的以太网接口中,以太网网线如下图 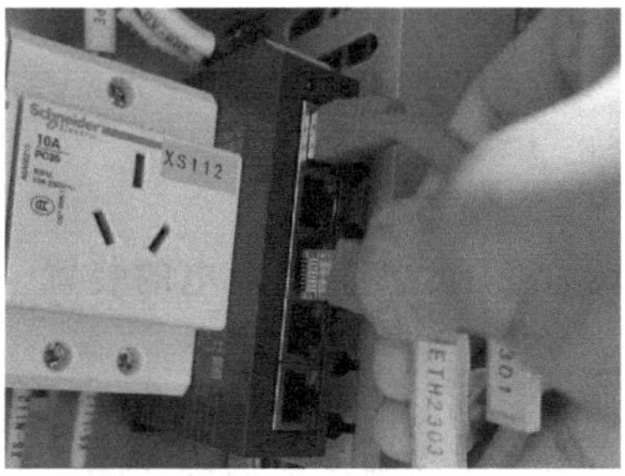 	交换机端的网线安装完成后,用手拉拽RJ45插头,确保连接可靠,没有松动,如下图 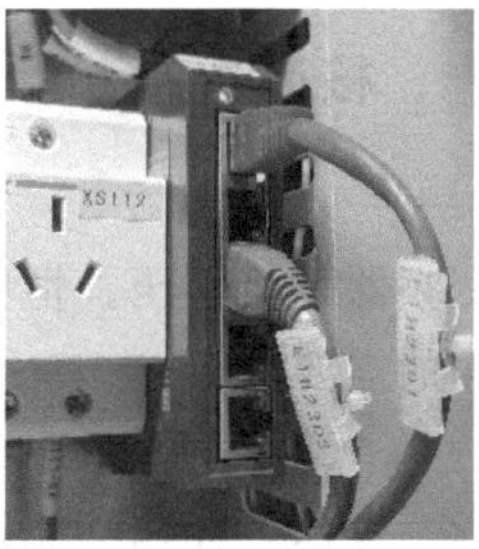

问题情境：

当设置实验用的PLC以太网地址时，为了方便他人使用，应将PLC的IP地址设为固定的IP，并将其粘贴到PLC什么位置？用户名和密码也需要这样操作吗？GXU5512触摸屏常用的下载程序的端口的密码丢失应怎么办？

TM241/262密码丢失时可以使用SD卡刷新固件的方法，清除用户名和密码。HMI密码的复位需要通过施耐德的售后，学员在下载HMI程序时不要加密。

（四）学习结果评价

序号	评价内容	评价标准	评价结果
1	掌握 HMI 的电源插头放置的位置	知道 HMI 的电源插头放置在 HMI 的面板的电源接口上	
2	能使用正确的方法处理 HMI 的电源线，以消除电磁干扰	会从面板上拔下电源插头，使用双绞线进行连接，将电源线一直绞合到电源插头处，应知道这样做可以消除电磁干扰	
3	判断以太网电缆 LED 指示灯 IND2 绿色点亮的含义	掌握 IND2 绿色点亮代表以太网接线良好，通信正常，并且正在进行数据传输	
4	掌握实验台的交换机 TCE-SU053FN0 通过以太网连接的三台设备	知道连接的三台设备分别是 TM241、HMI 和 TM251	

五、课后作业

（一）GXU5512 触摸屏下方的接口有电源端子、RS232、RS422/485 和 USB Type A 扩展口。

（二）GXU5512 触摸屏是宽屏。

工作任务 1.2　ATV320 变频器和 LXM32M/28A 硬件系统的设计

职业能力 1.2.1　ATV320 变频器硬件系统的设计

一、核心概念

（一）变频器

变频器是将恒压、恒频的交流电转换为变压、变频交流电的装置，以满足交流电动机变频调速的需要。

（二）变频传动技术

在工程中，使用变频传动技术进行调速，能够精确地控制速度，可以方便地控制机械传动的上升、下降和变速运行。因此，变频调速能够用在大部分的电机拖动场合，变速不依赖于机械部分，将大大地提高工艺的高效性，相比于定速运行的电动机会更加节能。

二、学习目标

（一）学会 ATV320 变频器主电源的接线。

（二）掌握使用集成面板设置变频器参数的方法。

三、基本知识

（一）施耐德变频器的分类和应用场景

施耐德变频器分为 ATV 御程系列变频器、机械设备专用变频器、行业专用变频器、中压变频器和通用型变频器五大类。

1. ATV 御程系列变频器

ATV 御程系列 ATV600 变频器是用于常规应用的变频器，功率范围为 0.75～800kW。ATV600 变频器分为壁挂式单机、柜内安装式模块式单机与变频驱动系统三大类。

ATV610 变频器是一般负载应用变频器，功率范围为 0.75～160kW。ATV610 变频器适用于功率范围 0.75～160kW 的 380～415V 的三相异步电动机。

ATV 御程系列 ATV900 变频器用于复杂严苛应用的环境，功率范围为 0.75～800kW。ATV900 变频器分为壁挂式单机、柜内安装式模块式单机与变频驱动系统三大类。

2. 机械设备专用变频器

ATV12 变频器是灵巧型矢量变频器，功率范围为 0.18～4kW，ATV 12 变频器具有易于安装（基于即插即用原理）、结构紧凑、集成多种功能的特点以及可选的基座版本等特点。

ATV310 变频器，机械负载和风机泵通用的矢量型变频器，功率范围为 0.37～30kW。ATV310 变频器是一款成熟可靠、简单易用、高性价比的矢量型变频器。

ATV320 变频器是书本型和紧凑型兼容的变频器，功率范围为 0.18～15kW。

ATV340 变频器是高性能闭环矢量型变频器，功率范围为 0.75～75kW，支持多种以太网和 Sercos Ⅲ 总线的矢量型变频器。

ATV310L 变频器是分布式变频器，功率范围为 0.75～5.5kW，采用高集成度设计，其即插即用的设计理念可帮助用户节省现场布线成本及工程交付时间。

3. 行业专用变频器

ATV212 变频器是风机泵用变频器，功率范围为 0.75～75kW。ATV212 变频器是一款智能、低谐波、高性能的适用于泵、风机和压缩机的 HVAC 专用变频器。

4. 中压变频器

ATV1200C 变频器是中压变频器。10kW 时，功率范围为 220～16000kW。

5. 通用型变频器

ATV61/ATV71 变频器是工程型柜式变频器，功率范围为 90～2400kW。

ATV71Q 变频器是水冷变频器，690V 时，功率范围为 110～630kW，通过水冷提高效率和可靠性。

ATV61Q 变频器是水冷变频器，690V 时，功率范围为 3～800kW，通过水冷提高效率和可靠性。

（二）A320 变频器的外观和功能区域分配

ATV320 变频器有 150 多种内置的应用功能，能够在较高的温度、有化学气体或机械粉尘的恶劣环境中连续工作，工作环境温度最高为 60℃，符合 IEC 60721-3-3 标准 3C3 和 3S2。

ATV320 系列变频器适用于 OEM 最常见的应用场合，包括包装、物料搬运、纺织、材料加工和起重等很多行业，还可以应用在印刷、物料搬运、塑机、机械执行器、风机和泵等场合。

ATV320 变频器属于御程系列变频器，具有书本型和紧凑型兼有的两种不同的规格，书本型变频器在机器上的布局还是放置在电控柜里都很方便，兼具灵活性和成本效益。

ATV320 变频器驱动的电动机额定功率从 0.18kW/0.25HP 到 15kW/20HP。

ATV320 变频器有 4 种类型：

1. 200~240V 单相，0.18kW/0.25HP 至 2.2kW/3HP（ATV320U＊＊M2B，ATV320U＊＊M2C）。

2. 200~240V 三相，0.18kW/0.25HP 至 15kW/20HP（ATV320＊＊＊M3C）。

3. 380~500V 三相，0.37kW/0.50HP 至 15kW/20HP（ATV320UppN4C）和（ATV320＊＊N4B）。

4. 525~600V 三相，0.75kW/1HP 至 15kW/20HP（ATV320＊＊＊S6C）。

以 "B" 结尾的代表书本型变频器。

以 "C" 结尾的代表紧凑型变频器。

ATV320 变频器本体集成了一个七段码的面板，在实际应用中，还可以选配外部的标准面板，既可以使用 ATV71 变频器的中文面板，也可以使用 ATV930 变频器的大面板，这两个面板需要另外订购，订货号为 VW3A1101 和 VW3A1111。

ATV320 变频器集成面板上有三个操作键，即 ESC 键、ENTER 键和导航键，一个用于连接通信选件卡的通信口，以及一个显示单元，其功能和说明如图 1-25 所示。

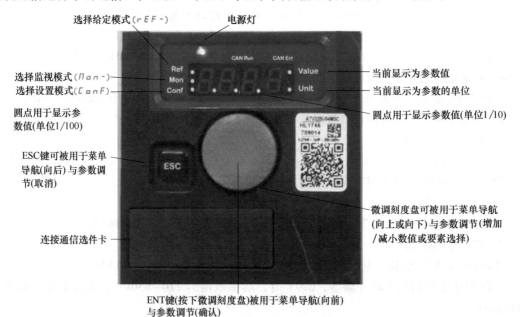

图 1-25　ATV320 变频器的集成面板

由于 ATV320 变频器出厂设置的电动机控制方式为标准控制（增强型的压频比方式），因此对普通电动机的应用来说，可以不用设置电动机参数，也不用进行电机自整定，就可以直接起动电动机。设定电动机参数是用好 ATV320 变频器很重要的一个环节，对于矢量控制尤其重要。设定标准电动机频率后，应将电动机铭牌上的参数输入 ATV320 变频器中，包括电动机额定功率、额定电压、额定电流、额定频率和额定速度等参数，集成面板通电后的菜单结构和说明如图 1-26 所示。

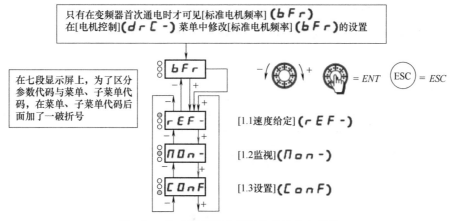

图1-26 集成面板通电后的菜单结构和说明

【简单启动】菜单包括最常用参数的设置，进入快速启动示意图如图1-27所示。在COnF模式下找到FULL，按ENT键找到SIN-菜单，按ENT键进行设置。

电机起动前的参数设置包括：2/3线控制、宏配置和加减速时间、最大频率设置、高低速度频率和电机热保护电流等。

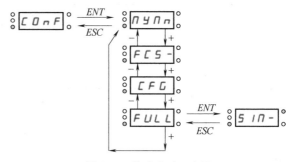

图1-27 快速启动示意图

学员可以根据应用，在电机控制菜单中修改电机控制类型，在命令菜单中修改变频器的起动和给定频率的方式。

（三）实验台控制系统的ATV320变频器的机架机构

实验台组建的CANopen通信网络的自动控制系统中，M241通过CAN总线与ATV320变频器进行网络通信，机架结构如图1-28所示。

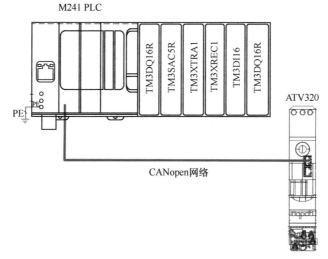

图1-28 CAN总线的ATV320变频器的机架结构

27

（四）ATV320 变频器的接线

实验台的 ATV320 变频器的接线示意图如图 1-29 所示。

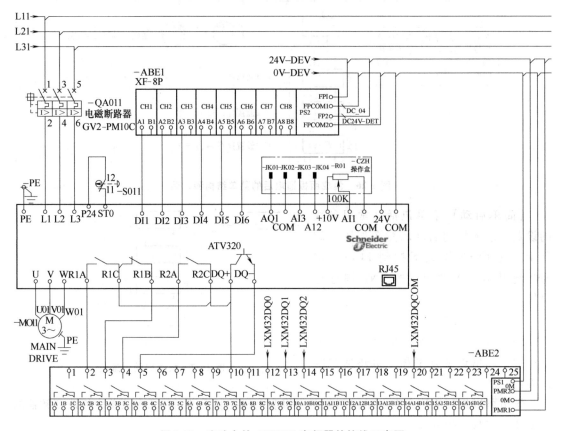

图 1-29　实验台的 ATV320 变频器的接线示意图

其中，XF-8P 是有 8 个拨钮开关的操作盒。XF-16DO-RL 是继电器输出端子板，16 通道，带 3m 配套飞线。

（五）电动机铭牌数据的设置

在起动 ATV320 变频器前应在【SIN-】菜单下，修改标准电动机的频率和电动机参数，即在【简单启动】菜单中按照电机铭牌数据设置电机参数。

设定电动机参数是用好 ATV320 变频器很重要的一个环节，对于矢量控制尤其重要。设定标准电动机频率后，应将电动机铭牌上的参数输入 ATV320 变频器中，包括电动机额定功率、额定电压、额定电流、额定频率和额定速度等参数。

四、能力训练

（一）操作条件

1. 实验环境的要求：通风良好，温度为 15～35℃，相对湿度为 20%～90%，照度为 200～300lx，无易燃、易爆及腐蚀性气体或液体，无导电性粉尘和杂物。

2. 实验室的要求：应有安全用具、防护用具和消防器材等。

3. 实验台的要求：实验台与电气系统设计相一致，电控柜接地良好，电机绝缘良好，设备元器件齐全，无脱线现象。实验台稳固，台面清洁。

4. 工具和仪器仪表的要求：符合装备和调试的常用工具和仪器仪表。定期检查和清洁以保证其性能良好。

5. 操作计算机的要求：操作系统安装完成后，PC 网口或 USB 端口能够正常工作。

（二）安全及注意事项

1. 实验台设备应符合 IEC 61508-2—2010 标准，即符合电气/电子/可编程电子安全相关系统的要求。实验人员必须严格执行国家的安全作业规定。

2. 操作人员必须具备必要的电工知识，熟悉供电系统和各种电气设备的性能和操作方法，还应具备在异常情况下采取相应措施的处理能力。

3. 实验期间禁止乱放、乱拉和乱接电线电缆。

4. 在进行供电与停电操作及相关的电气实验操作时，必须穿戴合格的绝缘手套和绝缘鞋，必须按照正确的顺序进行操作。

5. 接线作业完成后，经实验室教师复核同意后方可进行通电，或电气实验操作；实验操作分为两组人员，一组做实验，另一组进行安全监控，实验的所有进程都应有教师的监督和指导。

6. 实验结束后，恢复实验设备至初始状态，清理台面并将工具和仪器仪表归位。

（三）操作过程

序号	步骤	操作方法及说明	质量标准
1	ATV320 变频器主电源端子的接线	知道实验台 ATV320 变频器主电源设计时的进线电压是 AC380V，看懂图样上变频器的进线端子 R/L1、S/L2、T/L3 是与断路器 QA011 输出端进行连接的，会将带有压接片的电缆头插入变频器的 L1 端子上，用螺丝刀拧紧完成 L1 端子的接线。用同样的方法完成 L2 和 L3 的接线，ATV320 变频器主电源端子的接线原理图如下 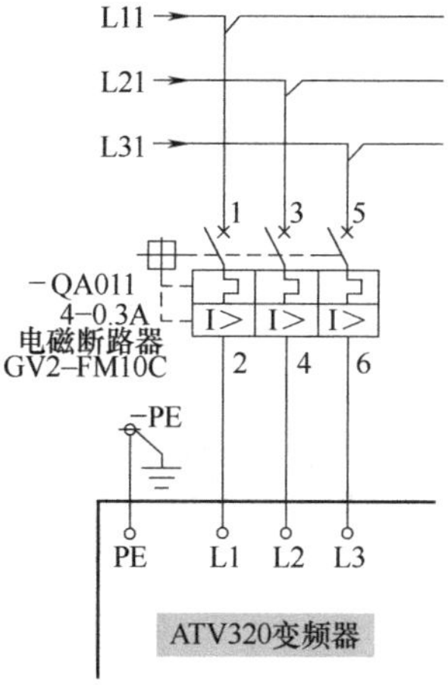	完成接线后，变频器主电源端子接入的电压与接入的主电源相一致，都是 AC380V，用手拉拽电缆不会松脱，没有虚接电缆，电控柜中变频器和断路器的接线端子，如下图 

（续）

序号	步骤	操作方法及说明	质量标准
2	ATV320 变频器电源输出端子的接线	知道电控柜中 ATV320 变频器电源出线端子 U、V、W 设计时是与电动机输入端子 U01、V01 和 W01 相连接的。会使用标准电缆连接到变频器和电动机的端子，即将有压接片的电缆两端按照图样插入对应的端子，并使用螺丝刀拧紧，变频器电源输出端子的接线原理图如下 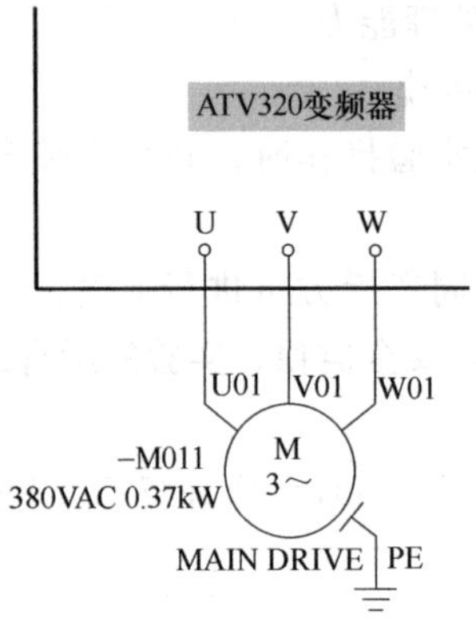 ATV320变频器 U　V　W U01　V01　W01 −M011　M 3～ 380VAC 0.37kW MAIN DRIVE　PE	完成接线后，变频器电源输出端子已经连接到 M011 异步电动机上，用手拉拽电缆不会松脱，没有虚接电缆，电控柜中变频器和电动机的连接如下图 
3	使用集成面板回到出厂设置	会在 ATV320 变频器的集成面板上的【COnF】模式下找到【FCS】，并按【ENT】键进入。找到【Fry-】，按【ENT】键进入，界面显示为【ALL】的右下角有两个小点，再按下【ENT】键后，【ALL】右下方的两个小点会跳到右上方，代表选择所有参数回原点，然后旋转面板上的转盘，找到【GFS】参数，按【ENT】键进入，旋转转盘选择 Yes，按住【ENT】键 2s 以上，将变频器回到出厂设置，面板显示为【GFS】，集成面板【COnF】模式如下图  	集成面板完成出厂设置并确认后，会自动地返回并显示【GFS】，如下图 
4	使用集成面板进入【SIM】简单启动菜单	会在集成面板的 COnF 模式下进入【FULL】菜单，也知道按【ENT】键可以进入【SIM】简单启动菜单，集成面板【FULL】菜单的显示如下图  	进入【SIM】简单启动菜单后，集成面板会显示【SIM】，如下图 

（续）

序号	步骤	操作方法及说明	质量标准
5	设置最大输出频率	掌握设置 ATV320 变频器【最大输出频率】参数的流程，【rdy】→【rEF】→【COnF】→【SIN】→【tFr】→【50.0】，最大输出频率【tFr】菜单的显示如下图 	输入最大输出频率为 50Hz，按设定【ENT】键完成后，会自动地退出设置界面，再次按设定【ENT】键进入参数，可以看到刚刚设定的 50 的数值显示如下图 
6	设置低速频率为 25Hz	掌握 ATV320 变频器低速频率设置为 25 的输入过程，即【rdy】→【rEF】→【COnF】→【SIN】→【LSP】，设置为 25，按【ENT】键确认，集成面板显示设定低速频率的【LSP】界面如下图 	输入低速频率为 25Hz，按设定【ENT】键完成后，会自动地退出，再次按设定【ENT】键进入参数可以看到刚刚设定的 25 的数值显示如下图 
7	设定 5s 加速时间	掌握变频器加速时间的输入过程，即【rdy】→【rEF】→【COnF】→【SIN】→【ACC】，设置为 5s，按【ENT】键确认，集成面板显示设定加速时间的【ACC】界面如下图 	输入电动机起动的加速时间为 5s，按设定【ENT】键完成后，会自动地退出，再次按设定【ENT】键进入参数可以看到刚刚设定的 5s 的数值显示如下图 

问题情境：

变频器断电后，为什么要等待一段时间才能操作变频器的直流母线端子？

断开变频器的主电源后，由于变频器内部电容有蓄能作用，变频器直流母线侧的母线电压需要一段时间才会降到安全电压以下。

因此，断开主电源后，要等待一段时间，等待直流母线电压降到安全电压后，才能操作变频器，从而保证人员的安全，尤其是使用功率比较大的变频器时，这个时间比较长，应特别注意安全，防止发生触电事故。

（四）学习结果评价

序号	评价内容	评价标准	评价结果
1	根据图样能将 ATV320 变频器与断路器正确连接	掌握正确的连接方法，即使用两端有压接片的标准电缆,将电缆的两端压接片分别与变频器主电源端子和断路器输出端子连接牢固,知道用手拉拽正确安装好的电缆不会松脱,代表没有虚接的电缆头	
2	ATV320 变频器与电机正确连接	掌握正确的连接方法，即使用两端有压接片的标准电缆,将电缆的两端压接片分别与变频器电源输出端子和异步电机的输入端子连接牢固,知道用手拉拽正确安装好的电缆不会松脱,代表没有虚接的电缆头	

（续）

序号	评价内容	评价标准	评价结果
3	掌握使用 ATV320 变频器集成面板设置变频器参数的方法	知道如何使用 ATV320 变频器集成面板设置电动机的铭牌参数，并能设置加减速时间，设置完成后可以在电机控制菜单中【drC】看到，也可以通过再次进入设置的参数中查看设置的数值，设置加速时间 3s,在【ACC】菜单里可以看到数值为 3	

五、课后作业

（一）按变频器前面板的 Mode 键切换到配置模式（COnF），然后找到命令菜单【CTl-】的给定通道 1【FR1】，设为第二个模拟输入 AI2。

（二）请先在施耐德官方网站下载 ATV320 变频器安装手册，然后说明 NPN 晶体管的 PLC 输出（漏型）接到 ATV320 变频器的逻辑输入 DI1 时，应如何设置 SW_1 拨码开关，如何接线？

职业能力 1.2.2 LXM28A/LXM32M 伺服驱动器硬件系统的设计

一、核心概念

（一）伺服

伺服来源于英文单词 SERVO 的音译，在实际的工程应用中，目标对象往往需要在运行过程中根据工艺要求不断地改变其位置、速度、转矩等动作状态。伺服的任务就是控制最终对象的动作轨迹尽可能地与给定的运行曲线相吻合。

（二）Motion 运动控制

伺服控制也被称为 Motion 运动控制，也就是对电机的动作进行控制。伺服 Motion 的运动控制完成工艺上的对工件位置、速度、转矩或运动轨迹的控制，完成例如抓取、切割、放置和印刷等动作。

运动控制广泛应用于包装、印刷、纺织、机床、锂电池、半导体生产和组装行业。

机器人和数控机床中的 Motion 控制是 Motion 控制高端的应用之一，在机器人或数控机床的应用比一般的通用伺服控制要更加复杂和困难。

二、学习目标

（一）学会 LXM28A 和 LXM32M 伺服驱动器的安装。

（二）学会使用集成面板设置 LXM28A 伺服驱动器的参数。

三、基本知识

（一）施耐德伺服驱动器的分类和应用场景

施耐德伺服驱动器分为一体化驱动、伺服驱动与电机、运动控制器三大类。

1. 一体化驱动

Lexium 一体化驱动系列是集施耐德电机和驱动器于一体的智能型驱动产品。

一体化驱动 LXM32i 是集成驱动器与电机的一体化驱动装置。

2. 伺服驱动与电机

Lexium 16 系列伺服是脉冲型伺服控制器。

Lexium 18 系列伺服是脉冲型和总线型伺服控制器。

Lexium 23 Plus 系列伺服是高性能的伺服驱动器。

Lexium 26 系列伺服是具有 Modbus 通信，且没有 STO 和现场通信的脉冲控制型的伺服驱动器。

Lexium 28 系列伺服是具有 CANopen、EtherCAT 或 SERCOS 现场通信，带 STO 功能的施耐德运动控制伺服驱动器。

Lexium 32 系列伺服是功率范围从 0.15~16kW，书本型高性能伺服驱动器。

Lexium 52 和 Lexium 62 系列伺服是 PacDrive3 使用的系列高端伺服驱动器。

3. 运动控制器

Modicon M262 是适用于物联网高性能逻辑与运动控制器，支持符合网络安全的物联网直连协议，能进行 4 轴、8 轴以及 16 轴的同步运动控制。

PacDrive3 是施耐德高端伺服控制产品，具有完整的机器自动化解决方案。

LMC058 & LMC078 是施耐德运动型控制器，是可以扩展的运动控制器。

（二）LXM28A 伺服驱动器的外观和功能区域分配

Lexium 28 系列伺服产品是一款与 BCH2 交流伺服电动机配套使用的交流伺服驱动器，功率范围为 50W~4.5kW，电压等级为 200~240V，速度范围为 0~5000r/min。

Lexium 28 系列伺服能够满足不同应用场合的运动控制需求，可以在多轴机床和切削机的材料加工、传送带、码垛机、仓库的物料运输、包装、印刷和收放卷等场合应用。LXM28A 伺服驱动器支持 CANopen 总线，LXM28E 伺服驱动器产品系列支持 EtherCAT 总线。

实验台选配的伺服控制器的型号是 LXM28AU04M3X，100W，LXM28AU04M3X 的外观和功能区域分配图如图 1-30 所示。

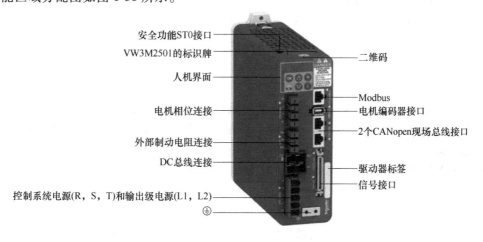

图 1-30　LXM28AU04M3X 的外观和功能区域分配图

LXM28A 伺服驱动器的人机界面如图 1-31 所示。

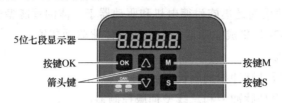

图 1-31　LXM28A 伺服驱动器的人机界面

（三）LXM32M 伺服驱动器的外观和功能区域分配

Lexium 32 系列伺服产品是一款与 BSH 和 BMH 交流伺服电动机配套使用的交流伺服驱动器，配备了标准通信卡和编码器，Lexium 32 系列伺服包括 3 款伺服驱动器和 2 款伺服电动机。

功率范围从 0.15~22kW，有 3 类供电电压：

110~120V 单相，0.15~0.8kW（LXM 32ppppM2）。

200~240V 单相，0.3~1.6kW（LXM 32ppppM2）。

380~480V 三相（此系列可以用于 220V 三相），0.4~22kW（LXM 32ppppN4）。

LXM32 系列又可分为 4 个子系列，即 32A、32M、32C 和 32S，32C 和 32M 支持脉冲（PTI）控制，32A 和 32S 不支持脉冲控制。

LXM32A 伺服驱动器是 CANopen/CANMotion 总线应用型。

LXM32C 伺服驱动器是脉冲型，主要用于 PLC 发送 PTO 脉冲控制伺服的应用，主要用在定位功能上，也可以用于速度控制。

LXM32S 与 LXM32M 伺服驱动器大部分功能类似，但是通信仅支持 SERCOS，还可以通过刷固件的方式将 LXM32M 伺服驱动器变为 LXM32S 伺服驱动器。

实验台选配的伺服驱动器型号是 LXM32MU60N4，伺服电动机是 BSH0551P01A1A，这个产品系列可以支持多种现场总线，例如 Profinet、EIP、EtherCAT 等，也可以通过加装编码器卡后连接第三方电动机。LXM32MU60N4 伺服驱动器的外观和功能区域分配如图 1-32 所示。

（四）实验台控制系统的 LXM28A/LXM32 伺服驱动器的机架结构

在实验台自动控制系统组建的 CANopen 网络中，配置了三台 LXM28 伺服驱动器和一台 LXM32 伺服驱动器，实验台控制系统的 LXM28A 伺服驱动器和 LXM32M 伺服驱动器的机架结构如图 1-33 所示。

实验台 CANopen 伺服控制系统的网络通信根据伺服控制器的网络功能，采用的是 CANopen 网络，选用官方提供的 CANopen 电缆，官方提供的电缆相比较自制的电缆有可靠性高、抗干扰能力强的特点。VW3CANCARR1 预制电缆的长度是 1m，两端 RJ45 的 CANopen 电缆。实验台上配置了 CANopen VW3CANCARR03 预制电缆的长度是 0.3m。

（五）LXM28A/LXM32M 伺服驱动器的接线

实验台三台 LXM28A 伺服驱动器的输入电源是单相 AC220V、50Hz 电源，X 轴伺服 2P 的电磁短路器 QA041 作为伺服主电源的分断开关，能够起到短路保护的作用，X 轴 LXM28A 伺服驱动器的电气接线示意图如图 1-34 所示。

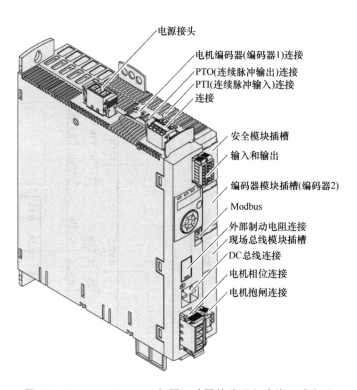

图 1-32 LXM32MU60N4 伺服驱动器的外观和功能区域分配

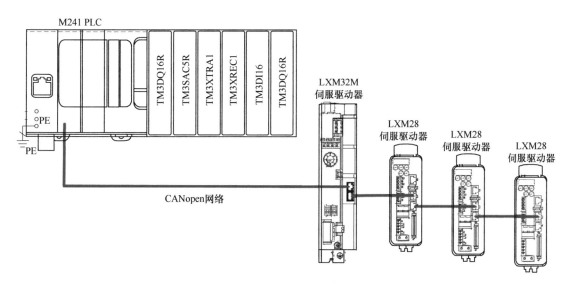

图 1-33 实验台 LXM28A 伺服驱动器和 LXM32M 伺服驱动器的机架结构

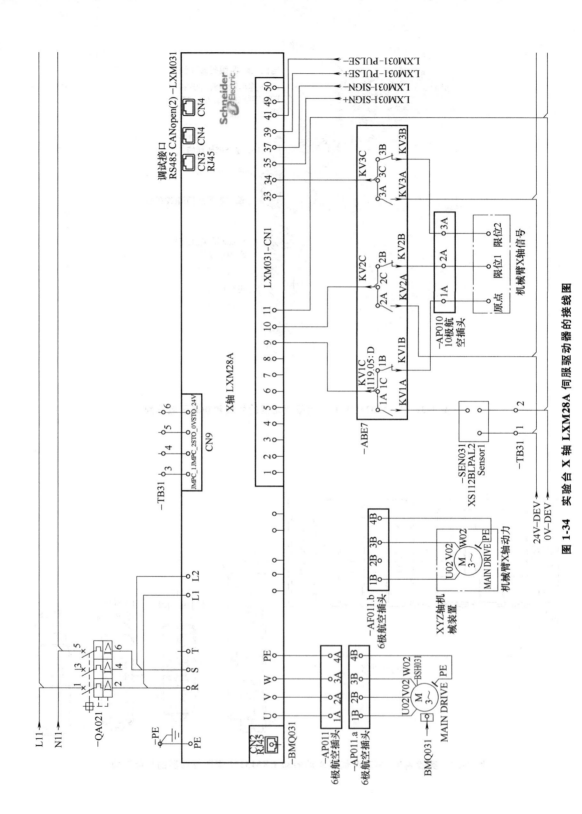

图 1-34 实验台 X 轴 LXM28A 伺服驱动器的接线图

X 轴伺服编码器的接线如图 1-35 所示。

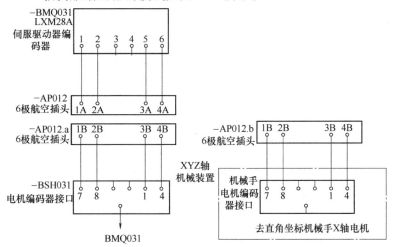

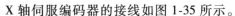

针脚	信号	颜色(英文缩写)	含义	电机军用接插件	电机塑料接插件	输入/输出
5	T(+)	蓝色(BU)	余弦信号	A	1	输入/输出
6	T(−)	蓝色/黑色(BU/BK)	余弦信号基准电压	B	4	输入/输出
1	+5V	红色，红色/白色(RD，RD/WH)	正弦信号	S	7	输入
2	GND	黑色，黑色/白色(BK，BK，WH)	正弦信号基准电压	R	8	输出
3,4	NC	已保留	–	–	–	–

图 1-35　X 轴伺服编码器的接线

实验台 Y 轴 LXM28A 伺服驱动器的接线示意图如图 1-36 所示。

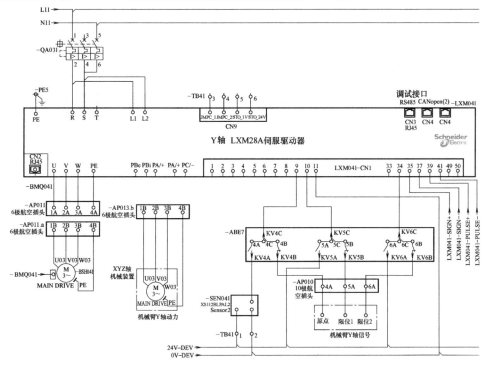

图 1-36　实验台 Y 轴 LXM28A 伺服驱动器的接线示意图

Y 轴伺服编码器接线示意图如图 1-37 所示。

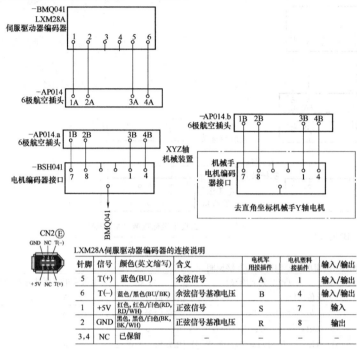

针脚	信号	颜色(英文缩写)含义		电机军用接插件	电机塑料接插件	输入/输出
5	T(+)	蓝色(BU)	余弦信号	A	1	输入/输出
6	T(−)	蓝色/黑色(BU/BK)	余弦信号基准电压	B	4	输入/输出
1	+5V	红色,红色/白色(RD,RD/WH)	正弦信号	S	7	输入
2	GND	黑色,黑色/白色(BK,BK/WH)	正弦信号基准电压	R	8	输出
3,4	NC	已保留	—	—	—	—

图 1-37　Y 轴伺服编码器接线示意图

Z 轴伺服 2P 的电磁短路器 QA041 作为伺服主电源的分断开关，能够起到短路保护的作用，Z 轴伺服电气接线示意图如图 1-38 所示。

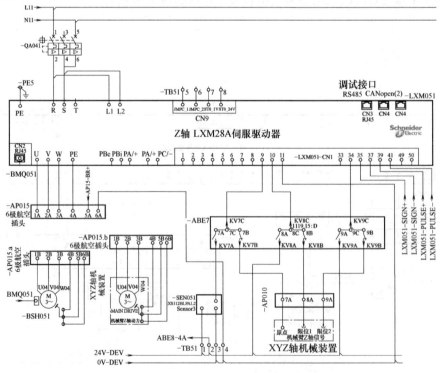

图 1-38　实验台 Z 轴 LXM28A 伺服驱动器的接线示意图

Z 轴伺服编码器接线示意图如图 1-39 所示。

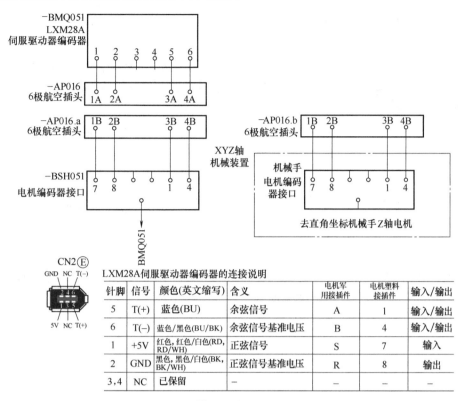

LXM28A 伺服驱动器编码器的连接说明

针脚	信号	颜色(英文缩写)	含义	电机军用接插件	电机塑料接插件	输入/输出
5	T(+)	蓝色(BU)	余弦信号	A	1	输入/输出
6	T(−)	蓝色/黑色(BU/BK)	余弦信号基准电压	B	4	输入/输出
1	+5V	红色,红色/白色(RD,RD/WH)	正弦信号	S	7	输入
2	GND	黑色,黑色/白色(BK,BK/WH)	正弦信号基准电压	R	8	输出
3,4	NC	已保留	—	—	—	—

图 1-39 Z 轴伺服编码器接线示意图

LXM28A 伺服驱动器的 CN1 接口板端口说明如图 1-40 所示。

针脚	信号	含义	针脚	信号	含义
1	DO4+	数字输出 4	2	DO3−	数字输出 3
3	DO3+	数字输出 3	4	DO2−	数字输出 2
5	DO2+	数字输出 2	6	DO1−	数字输出 1
7	DO1+	数字输出 1	8	DI4−	数字输入 4
9	DI1−	数字输入 1	10	DI2−	数字输入 2
11	COM+	DI1...DI8参考电位	12	GND	模拟输入端参考电位
13	GND	模拟输入端的参考电位	14	—	已保留
15	MON2	模拟输出 2	16	MON1	模拟输出 1
17	VDD	24 Vdc 电压供给(用于外部输入/输出)	18	T_REF	额定转矩的模拟输入
19	GND	模拟输入端的参考电位	20	VCC	DC 24V电压供给输出(对于模拟额定值)
21	OA	ESIM通道A	22	/OA	ESIM通道A,反转
23	/OB	ESIM通道B,反转	24	/OZ	ESIM标志脉冲,反转
25	OB	ESIM通道B	26	DO4−	数字输出 4
27	DO5−	数字输出 5	28	DO5+	数字输出 5
29	/HPULSE	高速脉冲,反转	30	DI8−	数字输入 8
31	DI7−	数字输入 7	32	DI6−	数字输入 6

图 1-40 LXM28A 伺服驱动器的 CN1 接口板端口说明

33	DI5 −	数字输入 5	34	DI3 −	数字输入 3
35	PULL HI_S (SIGN)	Pulse applied Power (SIGN)	36	/SIGN	方向信号，反转
37	SIGN	方向信号	38	HPULSE	高速脉冲
39	PULL HI_P (PULSE)	Pulse applied Power (PULSE)	40	/HSIGN	高速脉冲的方向信号，反转
41	PULSE	输入脉冲	42	V_REF	给定速度的模拟输入
43	/PULSE	输入脉冲	44	GND	模拟输入信号地
45	COM−	相对于VDD和DO6(OCZ)的参考电位	46	HSIGN	高速脉冲的方向信号
47	COM−	相对于VDD和DO6(OCZ)的参考电位	48	DO6(OCZ)	ESIM标志脉冲 集电极开路输出
49	COM−	相对于VDD和DO6(OCZ)的参考电位	50	OZ	ESIM标志脉冲 线路驱动器输出

图 1-40　LXM28A 伺服驱动器的 CN1 接口板端口说明（续）

实验台 LXM32M 伺服驱动器的输入电源采用 AC380V、50Hz 三相四线制电源供电，3P 的断路器 QA051 作为设备主电源的分断开关，能够起到短路保护的作用，电气接线示意图如图 1-41 所示。

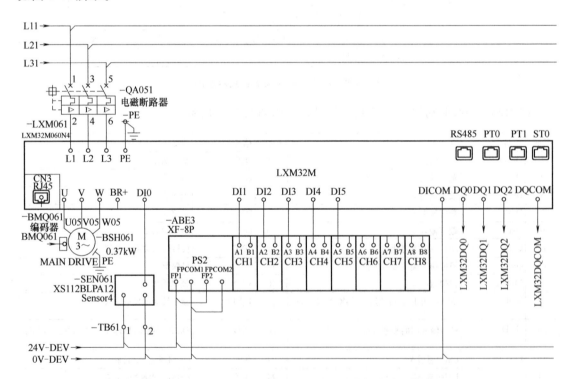

图 1-41　实验台 LXM32M 伺服驱动器的电气接线示意图

电机编码器接口接线示意图如图 1-42 所示。

伺服电动机必须添加与伺服驱动器的电动机的电缆和编码器的电缆才能正常工作。这两者都需要单独订购，订购电动机电缆时应注意电动机是否带抱闸，然后按伺服驱动器到电动

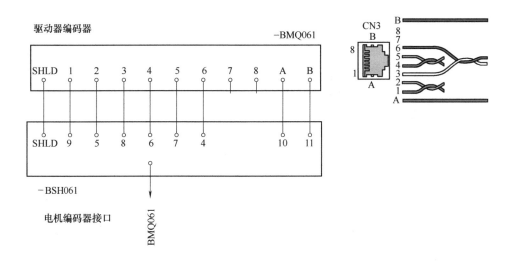

LXM32M 伺服驱动器编码器的连接说明

针脚	信号	电机针脚	线对	含义	输入输出
1	COS+	9	2	余弦信号	输入
2	REFCOS	5	2	余弦信号基准电压	输入
3	SIN+	8	3	正弦信号	输入
4	Data	6	1	接收数据,发送数据	输入/输出
5	Data−	7	1	接收数据,发送数据,反向	输入/输出
6	REFSIN	4	3	正弦信号基准电压	输入
7	reserved(保留)		4	空闲	
8	reserved(保留)		4	空闲	
A	ENC+10V_OUT	10	5	编码器电源输出	输出
B	ENC_0V	11	5	编码器电源参考电位	
SHLD	SHLD			屏蔽	

图 1-42　电机编码器接口接线示意图

机的电缆长度订货。

本实验台的伺服控制器是 3 台 LXM28A 伺服驱动器,伺服电动机配置了 1 台带抱闸的 BCH2LD0430CF5C 伺服电动机,2 台不带抱闸的 BCH2LD0430CF5C 伺服电动机,LXM28A 伺服驱动器的电机电缆型号如图 1-43 所示。

首先,根据项目工艺和 Motion Sizer 选择好伺服电动机的功率后,根据伺服电动机是否带抱闸、长度等条件选择编码器的电缆和动力电缆。

产品样本中的编码器的电缆按照电机法兰尺寸的不同,有两个订货型号,即 VW3M8D1R＊＊和 VW3M8D2R＊＊,其中＊＊是长度,如果长度超过 5m,可以只订购接头,LXM28A 伺服驱动器的编码器电缆如图 1-44 所示。

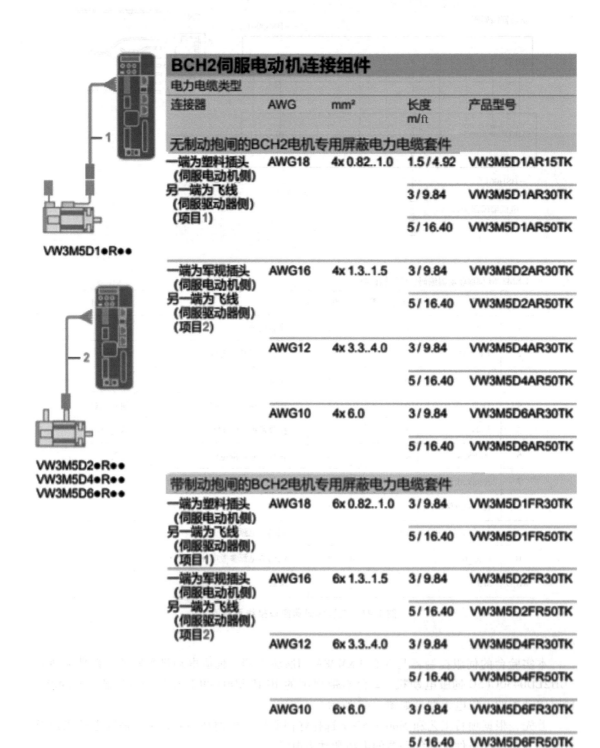

BCH2伺服电动机连接组件

电力电缆类型

连接器	AWG	mm²	长度 m/ft	产品型号
无制动抱闸的BCH2电机专用屏蔽电力电缆套件				
一端为塑料插头 （伺服电动机侧） 另一端为飞线 （伺服驱动器侧） （项目1）	AWG18	4x 0.82..1.0	1.5 / 4.92	VW3M5D1AR15TK
			3 / 9.84	VW3M5D1AR30TK
			5 / 16.40	VW3M5D1AR50TK
一端为军规插头 （伺服电动机侧） 另一端为飞线 （伺服驱动器侧） （项目2）	AWG16	4x 1.3..1.5	3 / 9.84	VW3M5D2AR30TK
			5 / 16.40	VW3M5D2AR50TK
	AWG12	4x 3.3..4.0	3 / 9.84	VW3M5D4AR30TK
			5 / 16.40	VW3M5D4AR50TK
	AWG10	4x 6.0	3 / 9.84	VW3M5D6AR30TK
			5 / 16.40	VW3M5D6AR50TK
带制动抱闸的BCH2电机专用屏蔽电力电缆套件				
一端为塑料插头 （伺服电动机侧） 另一端为飞线 （伺服驱动器侧） （项目1）	AWG18	6x 0.82..1.0	3 / 9.84	VW3M5D1FR30TK
			5 / 16.40	VW3M5D1FR50TK
一端为军规插头 （伺服电动机侧） 另一端为飞线 （伺服驱动器侧） （项目2）	AWG16	6x 1.3..1.5	3 / 9.84	VW3M5D2FR30TK
			5 / 16.40	VW3M5D2FR50TK
	AWG12	6x 3.3..4.0	3 / 9.84	VW3M5D4FR30TK
			5 / 16.40	VW3M5D4FR50TK
	AWG10	6x 6.0	3 / 9.84	VW3M5D6FR30TK
			5 / 16.40	VW3M5D6FR50TK

VW3M5D1●R●●

VW3M5D2●R●●
VW3M5D4●R●●
VW3M5D6●R●●

图 1-43 LXM28A 伺服驱动器的电机电缆型号

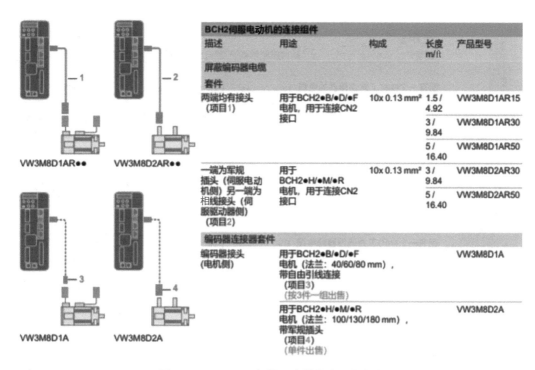

图 1-44　LXM28A 伺服驱动器的编码器电缆

LXM28A 伺服驱动器的电机附近与适用电机对照表如图 1-45 所示。

电机	电机动力线缆接头套件		编码器接头（电机侧）	电机动力电缆		编码器电缆
	无制动抱闸	带制动抱闸		无制动抱闸	带制动抱闸	
BCH2MBA53●●●5C	VW3M5D1A	VW3M5D1F	VW3M8D1A	VW3M5D1AR15TK VW3M5D1AR30TK VW3M5D1AR50TK	VW3M5D1FR30TK VW3M5D1FR50TK	VW3M8D1AR15TK VW3M8D1AR30TK VW3M8D1AR50TK
BCH2MB013●●●5C						
BCH2LD023●●●5C						
BCH2LD043●●●5C						
BCH2LF043●●●5C						
BCH2HF073●●●5C						
BCH2LF073●●●5C						
BCH2LH103●●●6C	VW3M5D2A	VW3M5D2A	VW3M8D2A	VW3M5D2AR30TK VW3M5D2AR50TK	VW3M5D2FR30TK VW3M5D2FR50TK	VW3M8D2AR30TK VW3M8D2AR50TK
BCH2LH203●●●6C						
BCH2MM081●●●6C						
BCH2MM031●●●6C						
BCH2MM052●●●6C						
BCH2MM061●●●6C						
BCH2HM102●●●6C						
BCH2HM102●●●6C						
BCH2MM091●●●6C						
BCH2MM152●●●6C						
BCH2MM202●●●6C						
BCH2MR202●●●6C	VW3M5D2B	VW3M5D2B		VW3M5D4AR30TK VW3M5D4AR50TK	VW3M5D4FR30TK VW3M5D4FR50TK	
BCH2HR202●●●6C						
BCH2MR301●●●6C						
BCH2MR302●●●6C				VW3M5D6AR30TK VW3M5D6AR50TK	VW3M5D6FR30TK VW3M5D6FR50TK	
BCH2MR352●●●8C						
BCH2MR451●●●6C						

图 1-45　LXM28A 伺服驱动器的电机附近与适用电机对照表

LXM32M 伺服驱动器的电机动力电缆型号如图 1-46 所示。

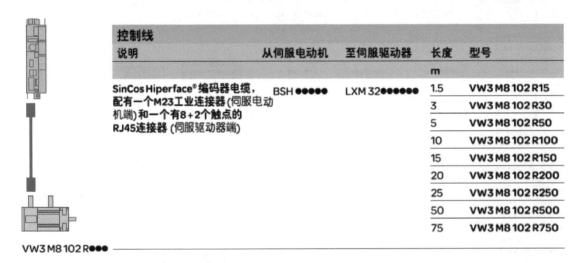

动力线				
说明	从伺服电动机	至伺服驱动器	长度 m	型号
配有一个M23工业连接器的电缆 (伺服电动机端)	BSH 055●● BSH 070●● BSH 100●● BSH 1401P	LXM 32●●●●●● 取决于组合 见施耐德电气网站	1.5	VW3 M5 101 R15
			3	VW3 M5 101 R30
			5	VW3 M5 101 R50
			10	VW3 M5 101 R100
			15	VW3 M5 101 R150
			20	VW3 M5 101 R200
			25	VW3 M5 101 R250
			50	VW3 M5 101 R500
			75	VW3 M5 101 R750
配有一个M40工业连接器的电缆 (伺服电动机端)	BSH 1402T BSH 1403T	LXM 32●D30N4, ●D72N4 取决于组合 见施耐德电气网站	3	VW3 M5 103 R30
			5	VW3 M5 103 R50
			10	VW3 M5 103 R100
			15	VW3 M5 103 R150
			20	VW3 M5 103 R200
			25	VW3 M5 103 R250
			50	VW3 M5 103 R500
			75	VW3 M5 103 R750

VW3 M5 10● R●●●

图 1-46　LXM32M 伺服驱动器的电机动力电缆型号

LXM32M 伺服驱动器的编码器电缆如图 1-47 所示。

控制线				
说明	从伺服电动机	至伺服驱动器	长度 m	型号
SinCos Hiperface® 编码器电缆, 配有一个M23工业连接器(伺服电动机端)和一个有8+2个触点的RJ45连接器 (伺服驱动器端)	BSH ●●●●●	LXM 32●●●●●●●	1.5	VW3 M8 102 R15
			3	VW3 M8 102 R30
			5	VW3 M8 102 R50
			10	VW3 M8 102 R100
			15	VW3 M8 102 R150
			20	VW3 M8 102 R200
			25	VW3 M8 102 R250
			50	VW3 M8 102 R500
			75	VW3 M8 102 R750

VW3 M8 102 R●●●

图 1-47　LXM32M 伺服驱动器的编码器电缆

实验台 LXM32 伺服驱动器的 BSH 编码器电缆选配 VW3M8102R15，BSH 电机电源线选配 VW3M5101R15。

LXM28A 伺服驱动器的编码器接口与电机编码器应按照说明书进行接线，接线错误，上电后会报 026 错误。而 LXM32M 伺服驱动器接线错误，上电后报 5200 错误。

四、能力训练

（一）操作条件

1. 实验环境的要求：通风良好，温度为 15~35℃，相对湿度为 20%~90%，照度为 200~300lx，无易燃、易爆及腐蚀性气体或液体，无导电性粉尘和杂物。

2. 实验室的要求：应有安全用具、防护用具和消防器材等。

3. 实验台的要求：实验台与电气系统设计相一致，电控柜接地良好，电机绝缘良好，设备元器件齐全，无脱线现象。实验台稳固，台面清洁。

4. 工具和仪器仪表的要求：符合装备和调试的常用工具和仪器仪表。定期检查、清洁以保证其性能良好。

5. 操作计算机的要求：操作系统安装完成后，PC 网口或 USB 端口能够正常工作。

（二）安全及注意事项

1. 实验台设备应符合 IEC 61508-2—2010 标准，即符合电气/电子/可编程电子安全相关系统的要求。实验人员必须严格执行国家的安全作业规定。

2. 操作人员必须具备必要的电工知识，熟悉供电系统和各种电气设备的性能和操作方法，还应具备在异常情况下采取相应措施的处理能力。

3. 实验期间禁止乱放、乱拉和乱接电线电缆。

4. 在进行供电与停电操作及相关的电气实验操作时，必须穿戴合格的绝缘手套和绝缘鞋，必须按照正确的顺序进行操作。

5. 接线作业完成后，经实验室教师复核同意后方可进行通电，或电气实验操作；实验操作分为两组人员，一组做实验，另一组进行安全监控，实验的所有进程都应有教师的监督和指导。

6. 实验结束后，恢复实验设备至初始状态，清理台面并将工具和仪器仪表归位。

（三）操作过程

序号	步骤	操作方法及说明	质量标准
1	掌握 LXM-28A 伺服驱动器的 CN1 端子的连接方法	知道 CN1 接口的防呆设计原理，即插反插不进去，能够将电缆线的 50 针的插头插入 I/O 板的接口上，并使用螺丝刀进行拧紧，拧紧如下图 	完成后的 LXM28A 伺服驱动器的 I/O 板上已经连接好 CN1 的插头，拉拽不会松脱，代表没有虚接，如下图

（续）

序号	步骤	操作方法及说明	质量标准
2	使用集成面板设置伺服的工作模式	掌握集成面板设置 LXM28A 伺服驱动器伺服工作模式的三个步骤，步骤如下： 在 LXM28A 伺服驱动器的集成面板上按 M 键进入到 P0-00，按 S 键找到 P1-01，集成面板显示如下 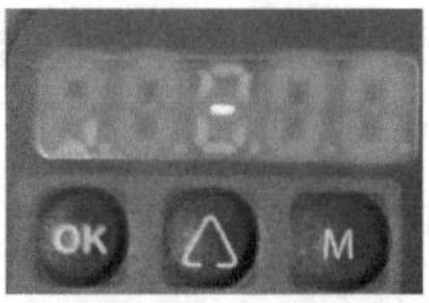 按下箭头将工作模式设成 0，将 LXM28A 设成脉冲控制模式	将 LXM28A 伺服驱动器设成脉冲控制模式后，P1-01 的参数设 0 后的集成面板显示如下图 
3	I/O 端子的功能设置	掌握 LXM28A 伺服驱动器 I/O 端子功能设置的 4 个步骤，步骤如下： 按 M 键退回到 P-01，再按 S 键，出现 P2-01，按上箭头找到 P2-10，按【OK】键进入下一步将参数设为 1，按【OK】键完成设置 按上箭头找到 P2-68，如下图，按【OK】键进入参数，然后设置成 1，按【OK】键，完成 LXM28A 的上电自动使能  如果不使用限位，可以将 P2-15、16 的百位设 1，然后不接线，当然也可以将 P2-15，16 设 0	完成 LXM28A 伺服驱动器上电自动使能后，P2-68 的参数设成 1 后的集成面板显示如下图 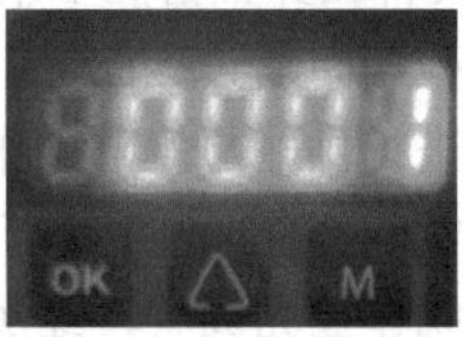
4	点动测试	掌握 LXM28A 伺服驱动器点动运行的 7 个步骤，步骤如下： 按 M 键切到 P0-00，按 S 键找到 P4-00，按向上箭头找到参数 P4-05，如下图，按【OK】键进入，启动 JOG 运行模式  ◁HMI 上将显示出 JOG（手动运行）的速度，单位 r/min ▶请设置转速为 50，然后用面板上【OK】按键确认 ◁在 HMI 上显示 JOG 正方向转动： ▶按上箭头电机开始正向运动 负方向转动： ▶按下箭头电机开始反向转动 通过按键 M 可再次结束 JOG 运行模式	完成 LXM28A 伺服驱动器的点动测试后，对 P4-05 的参数按【OK】键进入，启动【JOG】运行模式，集成面板显示如下图 

问题情境：

在伺服性能的调试过程中，常用伺服控制器的"刚性"一词来表示伺服系统控制特性，怎样调高 LXM28A 伺服驱动器伺服线性模式下的刚性呢？

首先，将 P8-35 设为 4001，将电机控制模式改为线性模式。其次，缓慢地调高参数速度环比例增益 P8-57，即可加大 LXM28A 伺服驱动器系统的刚性，增大刚性时注意少量多次方式，刚性调得太高会使电机产生振动。

（四）学习结果评价

序号	评价内容	评价标准	评价结果
1	掌握 LXM28A 伺服驱动器回到出厂设置的操作方法	知道 LXM28A 伺服驱动器回到出厂设置要将参数 P2-08 的参数设置为 10	
2	掌握设置 LXM28A 伺服驱动器工作模式的操作方法	能完成 P1-01 的参数设成 0 的操作。使用集成面板将 LXM28A 设成脉冲控制模式	
3	掌握两台 LXM32MU60N4 伺服在电控柜中的安装间距	知道两台 LXM32MU60N4 伺服在电控柜中的安装间距最小为 20mm	
4	能看懂 LXM28A 伺服驱动器电机动力线型号图中的内容，会为 100W 带自动抱闸的 BCH2 电机选择专用屏蔽动力电力电缆	掌握伺服电力电缆的选择方法，即根据电机大小和工艺的要求，100W 带抱闸的伺服电动机，选用电缆长度为 3m 的，型号为 VW3M5D1FR30	

五、课后作业

（一）LXM28A 伺服驱动器的编码器接口与电机编码器应按照说明书进行接线，接线错误，上电后会报警。而 LXM32M 伺服驱动器接线错误，上电后报警。

（二）LXM32 伺服驱动器系列产品是一款与 BSH 和 BMH 交流伺服电动机配套使用的交流伺服驱动器，配备了编码器。

（三）对 LXM28A 伺服驱动器进行【回到出厂设置】的操作时，在集成面板上按键可以进入到 P0-00。

第2章

M241伺服控制系统的基础功能

工作任务 2.1　EcoStruxure 软件的使用

职业能力 2.1.1　正确安装软件、注册授权、更改界面语言

一、核心概念

（一）EcoStruxure Machine Expert 软件平台

EcoStruxure Machine Expert 软件是一款由施耐德打造的全集成自动化编程软件平台，可以用于 PLC 编程和仿真，新版本增强了性能并提高了兼容性，完美地支持施耐德 OEM PLC、HMI、Motion、VSD 等设备，也是机器制造商的解决方案软件，用于开发、配置和调试机器控制器，例如 Modicon M241，包括逻辑控制、运动控制、远程 I/O 系统、安全控制、电机控制和 HMI 设计。

软件集成的现场总线配置器，能够进行专家诊断和调试功能，符合 PLCopen 运动控制的运动设计和多种控制功能，可以用于调试、维护和可视化。

（二）Machine Expert Logic Builder 界面

EcoStruxure Machine Expert 软件平台打开后，编程界面是 Machine Expert Logic Builder 界面，界面上有项目名称、菜单栏、工具栏、多选项卡导航器（设备树、工具树、应用程序树）、消息栏、信息和状态栏、多选项卡目录视图和多选项卡编辑器视图，如图 2-1 所示。

在 Machine Expert Logic Builder 界面的屏幕中有固定和隐藏两种不同类型的窗口，有些窗口可以固定到 Machine Expert 窗口的边缘处，或者定位在屏幕上作为独立于 Machine Expert 窗口的未固定窗口，还可以将它们表示为 Machine Expert 窗口框中的选项卡，而将它们隐藏。

二、学习目标

（一）通过互联网获取 EcoStruxure Machine Expert 软件的安装程序。

图 2-1　Machine Expert Logic Builder 界面

（二）熟悉 ESME 的操作界面。

（三）能在 ESME 软件中更改界面的操作语言。

三、基本知识

（一）ESME 软件的安装

1. 软件版本和授权

目前，版本为 EcoStruxure 机器专家 V2.0。

软件授权就是一组 EcoStrucxure 的授权码，如果没有授权码可以向施耐德市场部索取或者直接在经销商处直接购买。

2. 软件下载

安装软件前，先将杀毒软件和实时防火墙等软件关闭。双击安装软件 SchneiderElectric-SoftwareInstaller-20.21.09802-Setup.exe，此安装软件可以到 www.se.com 网站上下载，下载地址：https：//www.se.com/ww/en/download/document/ESEMACS10_ INSTALLER/；

下载安装界面如图 2-2 所示。

3. 软件安装

安装程序下载后，单击【安装】按钮，可以选择【安装新软件】或【修改已安装的软件】，读者可以选择自己想要安装的组件，或者直接按许可证的选择 Standard 或 Professional，如果读者对自己需要的软件很熟悉也可以选择【自定义安装】，软件会跳转到自定义安装界面，让读者完成软件组件的手动选择，选择好安装的内容后，单击【开始安装/卸载】按钮后，系统会自动地进行安装，期间会询问是否安装 HMI 等设备，单击【确认】按钮，选择要安装的组建，可以先安装部分组件，当需要使用更多功能时，再次进行补充安装即可。

在线安装大概需要 10h，安装完成后会提示【过程已成功完成】，单击【OK】按钮。支持 PLC 包括 M218、M241、M251、M262 和 PD3 系列的控制器。

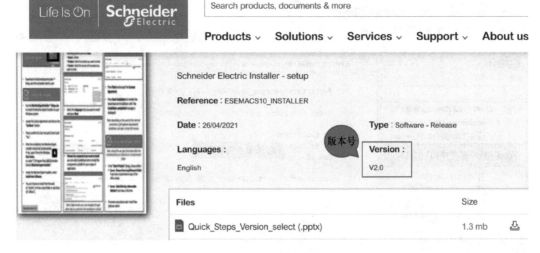

图 2-2　下载安装界面

如果读者需要安装 M218，应在自定义安装中单击右上角【设置和专用功能】按钮，选择"本地产品代码"，在弹出的对话框中输入本地产品代码：23AXZ59FR4MHRZCVU7CHWS5KU2。然后单击【确认】按钮，之后在组件选择中勾选"M218Repository"和"LogicBuilder M218"后，单击【开始安装/卸载】按钮。

安装完成后的启动画面图示中，会显示软件版本号，软件简介，如图 2-3 所示。

图 2-3　启动画面图示

（二）软件授权

如果要安装软件授权，单击"授权管理器"图标，在 Schneider Electric License Manager 管理器中，单击"Activate"激活，如图 2-4 所示。

在输入栏处输入 EcoStrucXure 的授权码。

授权成功后界面中会提示需要重新启动 EcoStruXure 软件。

授权成功后，在 Part Number 下显示的是注册码，Activation ID 下显示的是激活码，Expiration Date 下显示的是授权到期的时间。

（三）Logic Builder 界面

Logic Builder 界面的屏幕中有两种不同类型的窗口，即固定窗口和隐藏窗口。有些窗口可以固定到窗口的边缘处，或者定位在屏幕上作为独立于 Machine Expert 窗口的未固定窗口，还可以将它们表示为 Machine Expert 窗口框中的选项卡，而将它们隐藏。

1. Machine Expert Logic Builder 的菜单栏

菜单栏分为主菜单和子菜单，菜单栏包含工作所需的全部命令。在窗口上的菜单大体分为两种菜单，即下拉菜单与弹出菜单。其中下拉菜单的各项内容提要显示在软件窗口的上方，使用鼠标左键单击其中任何一项，将显示出下拉菜单的子菜单，"下拉"菜单因而

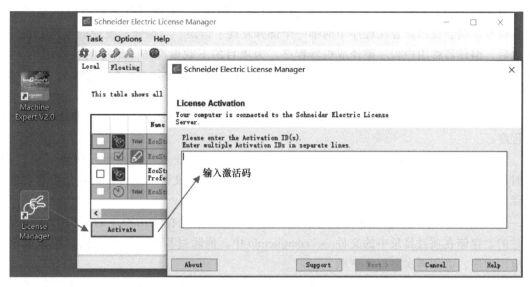

图 2-4 激活授权

得名。

Machine Expert Logic Builder 的菜单包括文件、编辑、视图、工程、系统项目、ETEST、编译、在线、调试、工具、窗口和帮助这些可用命令。

（1）文件

单击【文件】打开下拉菜单，对项目可以进行新建工程、打开和关闭工程、保存和工程另存为、工程存档、创建库、打印、页面设置、最近的工程列表和退出等操作。

（2）编辑

单击【编辑】打开下拉菜单，在【编辑】下的剪切、复制、粘贴、查找和替换等与Windows 操作系统中相类似。【输入助手…】是使用最频繁的功能，可以帮助输入变量、功能块的名称、调用库里的函数、功能、功能块，减少读者的记忆负担。编程时，其中，【自动声明…】工具可帮助读者将没有声明过的变量，声明为局部变量或全局变量，还可声明为掉电保持型变量。

（3）视图

单击【视图】打开下拉菜单，其中，此菜单可以切换需要显示的内容，方便在菜单中找到下一步要操作的工具画面，例如单击子菜单【导航器】，可以选择在 ESME 软件的视图中，添加四个项目视图，其中设备树用于添加和显示项目中的设备，应用程序树用于编辑和显示项目中的应用程序，工具树用于显示项目中可用的工具，功能树用于显示项目的功能模型。

（4）工程

单击【工程】打开下拉菜单，其中【添加对象…】和【添加设备…】用于添加工程中要使用的设备、POU、GVL 等。单击【工程信息】会弹出当前项目工程中的相关信息，如项目名称、属性和授权等。此菜单下的导出/导入功能，可将工程某一部分导出为一个文件，在另一台计算机或在其他的工程再导入，这样可实现在多个项目或计算机间传递工程文件。

（5）编译

单击【编译】打开下拉菜单可以进行项目的【编译】，编译器首先检查程序是否有错误，如有错误会提示读者在程序中的哪一个部分发现了错误，当编译器发现的错误都被排除掉之后，编译器将用户程序翻译成机器程序，为项目的下载做准备。编译的快捷键为F11，用于查找被任务调用的程序中的语法错误，编译后会输出编译信息，包括错误、警告和消息。如果项目是最新的，应重新检查，则需单击【重新编译】。

1)【全部生成】是对应用程序树中的控制器应用程序进行编译，生成全部HMI目标应用程序。

2)【生成代码】则是在默认情况下，在使用应用程序登录时，将运行代码生成过程。此时不会下载任何代码，也不会在项目目录中创建编译信息文件，但可以检查是否存在任何编译错误。

3)【清除】可以删除应用程序的编译信息。编译信息是在应用程序的最后下载过程中创建的，存储在项目目录中的文件 *.compileinfo 中。清除过程之后，将无法在线修改相应的应用程序，必须再次将程序下载。

4)【清除全部】可以用来删除所有应用程序的编译信息。编译信息是在应用程序的最后下载过程中创建的，存储在项目目录中的文件 *.compileinfo 中。清除过程之后，将无法在线修改相应的应用程序，必须再次将程序下载。

（6）在线

【在线】下拉菜单中的【登录到】用于连接PC与PLC，【退出】用于将PC与PLC的连接断开。如果在工程项目中还配备了HMI触摸屏设备，可使用【多重下载…】，这样可一次下载PLC和HMI的项目文件。【登录到】用于登录到PLC。

在实际的项目操作过程中，读者可以通过编译等选项查找程序的语法错误，然后使用仿真查找程序中可能存在的逻辑错误，即不连接实际的PLC而是使用离线仿真功能即可。

（7）调试

【调试】下拉菜单可以在调试时进行新断点的设置等操作。程序运行后，先在准备值中设好需要的数据值，然后按CTRL+F7即可写入值，如果需要更改变量的显示模式，可依次单击【调试】→【显示模式】然后选择相应的进制。

（8）工具

【工具】下拉菜单可以选择【库…】、【设备库】或【模板存储库…】，还可以选择【自定义】子进入自定义窗口等，选择【外部工具】下的【打开 Controller Assistant】可以打开控制器助手，进行image的各种操作。

（9）窗口

【窗口】菜单用于选择已经打开的编辑器或窗口。选择【新水平排列】或【新垂直排列】可以将已经打开的窗口进行水平或垂直排列。

（10）帮助

【帮助】下拉菜单可用于查找内容、索引以及使用帮助中的搜索功能，在线帮助是读者使用 Machine Expert 控制平台最得力的助手。

（11）系统项目

单击【系统项目】菜单，子菜单只有一个 System Explorer，是用于创建系统项目应用，系统项目创建后不允许修改。

（12）CFC

编程语言主菜单CFC，根据编程语言的不同ESME软件上的主菜单显示的也不同，CFC编程语言创建的项目显示的是CFC，子菜单都是用于CFC编程语言相关的操作。

（13）ETEST

ETEST用于程序测试的一个组件，通过EcoStruxure Machine Expert对单元进行自动程序代码测试。自动测试有助于检查所实现的功能是否正确。每次修改程序代码后，都执行单元测试，这有助于改善质量。ETEST framework有助于简化对可重复使用的测试执行定义和执行。

2. Machine Expert Logic Builder的工具栏

工具栏包含按钮，可用来执行在【工具】→【自定义…】中定义的可用工具，有打开工程、创建新工程、存储工程、打印和返回等常规按钮的图标，也有查找、替换、编译、启动、硬件目录、跳过和登录等功能按钮图标，能够让读者快速地启动相关功能。

3. Machine Expert Logic Builder的多选项卡导航器

多选项卡导航器包括设备树、工具树、应用程序树和功能树。

4. Machine Expert Logic Builder的消息视图

消息视图提供有关预编译、编译、生成、下载操作的信息。

5. Machine Expert Logic Builder的信息和状态栏

信息和状态栏可显示当前用户的信息，以及有关编辑器打开时编辑模式和当前位置的信息。

6. Machine Expert Logic Builder的多选项卡目录视图

多选项卡目录视图包括控制器、HMI &iPC、设备和模块，其中，控制器中有逻辑PLC控制器、伺服驱动控制器和HMI的触摸屏控制器。

7. Machine Expert Logic Builder的多选项卡编辑器视图

多选项卡编辑器视图用于在相应编辑器中创建特定对象。

对于其他编辑器，多选项卡编辑器视图可提供对话框，例如任务配置、文件、PLC设置、以太网服务等。

四、能力训练

（一）操作条件

1. 实验环境的要求：通风良好，温度为15~35℃，相对湿度为20%~90%，照度为200~300lx，无易燃、易爆及腐蚀性气体或液体，无导电性粉尘和杂物。

2. 实验室的要求：应有安全用具、防护用具和消防器材等。

3. 实验台的要求：实验台与电气系统设计相一致，电控柜接地良好，电机绝缘良好，设备元器件齐全，无脱线现象。实验台稳固，台面清洁。

4. 工具和仪器仪表的要求：符合装备和调试的常用工具和仪器仪表。定期检查、清洁以保证其性能良好。

5. 操作计算机的要求：操作系统安装完成后，并具有管理员权限，PC网口或USB端口能够正常工作，PC能够连接Internet。

（二）安全及注意事项

1. 实验台设备应符合IEC 61508-2—2010《电气、电子、程序可控的电子安全相关系统的功能性安全　第2部分：电气、电子、程序可控的电子安全相关系统要求》标准，即符合电气/电子/可编程电子安全相关系统的要求。实验人员必须严格执行国家的安全作业规定。

2. 操作人员必须具备必要的电工知识，熟悉供电系统和各种电气设备的性能和操作方法，还应具备在异常情况下采取相应措施的处理能力。

3. 实验期间禁止乱放、乱拉和乱接电线电缆。

4. 在进行供电与停电操作及相关的电气实验操作时，必须穿戴合格的绝缘手套和绝缘鞋，必须按照正确的顺序进行操作。

5. 接线作业完成后，经实验室教师复核同意后方可进行通电，或电气实验操作；实验操作分为两组人员，一组做实验，另一组进行安全监控，实验的所有进程都应有教师的监督和指导。

6. 实验结束后，恢复实验设备至初始状态，清理台面并将工具和仪器仪表归位。

（三）操作过程

序号	步骤	操作方法及说明	质量标准
1	能进入施耐德官网下载 ESME 软件的界面	掌握 ESME 软件的下载地址：https://www.se.com/ww/en/download/document/ESEMACS10_INSTALLER/；	在线状态下，使用鼠标双击下载地址进入施耐德官网后，如下图所示
2	掌握如何打开软件的设备树导航器窗口	会双击 ESME 软件的图标打开软件，在主菜单中选择【视图】→【导航器】，如下图所示	在【视图】中，单击视图菜单中的下拉菜单【设备树】后，能在导航区域显示【设备树】，如下图所示
3	会使用 ESME 软件的帮助菜单	掌握帮助菜单下有哪些子菜单，帮助的子菜单，如下图所示	单击【帮助】下【内容】后能显示出帮助的具体内容，如下图所示

（续）

序号	步骤	操作方法及说明	质量标准
4	能说出 ESME 软件的消息视图的作用	知道 ESME 软件的消息视图提供了有关预编译、编译、生成和下载操作的信息	掌握消息视图提供的消息，如下图所示 消息 -总计0个错误，0警告，1条消息 许可 描述　　　　　　　　　　　　工程 ⓘ 试用许可证未激活 - EcoStruxure Code … …

问题情境：

在现场调试时，网络不通畅，无法使用在线帮助，怎样才能下载 EcoStruxure Machine Expert V2.0 的离线帮助？

读者应在有网络的地点，提前下载 ESME 的离线帮助文件，打开 ESME 的安装软件，选择【修改已安装的软件】，选择【自定义版本】后，单击【下一步】按钮，如图 2-5 所示。

图 2-5　选择自定义版本

选择帮助的安装路径和离线帮助的语言【中文】，本节选择 E 盘，如图 2-6 所示。

单击【打开帮助管理工具】，选择中文并勾选下载的帮助文件，单击【Apply】（应用）按钮，如图 2-7 所示。

单击【下一步】按钮，开始下载帮助文件，下载 EcoStruxure Machine Expert 的离线帮助完成后，可以在 E：\ProgramData\EcoStruxure Machine Expert\OnlineHelp\Machine Expert\V2.0\LandingPages\zh 路径下打开。

（四）学习结果评价

序号	评价内容	评价标准	评价结果
1	能在施耐德官网下载 ESME 软件并安装	安装后能正常打开 ESME 软件	
2	会使用 ESME 软件的主菜单	熟悉 ESME 软件主菜单，掌握主菜单有文件、编辑、视图、工程、系统项目、ETEST、编译、在线、调试、工具、窗口和帮助这些菜单选项	

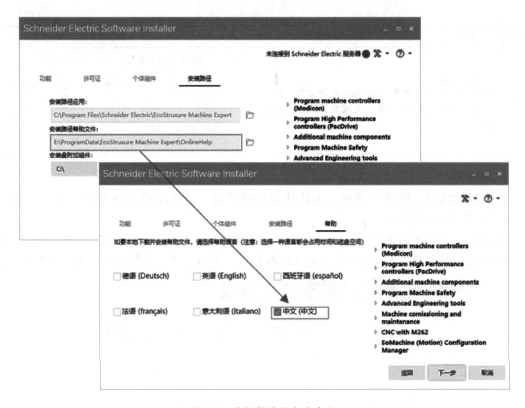

图 2-6　选择帮助语言为中文

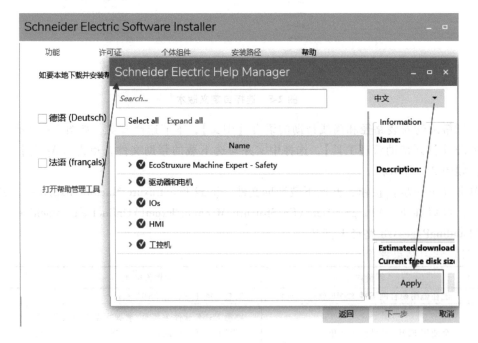

图 2-7　打开帮助管理工具

五、课后作业

（一）单击 ESME【文件】打开下拉菜单，通过【新建工程】创建一个新文档，CPU 选择为 TM241，编程语言为结构化文本，文件名为【工程存档的作用】，然后将当前文档作为工程存档，在【项目存档】下选择【保存】，然后在对话框中在默保存时选择【referenced devices】和【referencedLibraries】，然后单击【保存 ...】，文件名为【项目文档的作用 . projectarchive】，归档成功后比较归档文件的大小和项目文件的大小，并说明为什么归档文件比较大还要使用它。

（二）ESME 软件的多选项卡导航器包括设备树、应用程序树和功能树。

职业能力 2.1.2　能在 EcoStruxure 软件中创建 LXM32M 伺服驱动器项目

一、核心概念

（一）EcoStruxure Machine Expert 的编程语言

EcoStruxure Machine Expert 软件支持 IEC 61131-3 编程语言，包括指令表（IL）、梯形图（LD）、功能块图（FBD）、顺序功能图/流程图（SFC）、结构化文本（ST），以及 CFC（连续功能图），编程时可以使用这六种编辑器来创建用户程序。

（二）POU

ESME 软件的编程开发环境是符合 PLC 编程开发的 IEC61131-3 编程语言标准的，这个编制将程序的基本单位称为程序组织单元（Program Organisation Unit，POU），并定义了三种程序组织单元：函数（FC）、函数块（FB）和程序（PROG）。POU 有助于简化软件的编程，并有利于功能和功能块的模块化重用，减小编程工作量。经过声明后，POU 可相互使用。

函数（FC）：可以有输入/输出参数，但是没有静态变量。使用相同的参数调用函数时，总会产生相同的输出结果。另外，定义函数时，必须指定返回值类型。

函数块（FB）：也被称为"功能块"，可以有输入/输出参数，并且可以有静态变量。使用相同的参数调用函数块时，由于静态变量的保持性，可能产生不同的输出结果。

程序（PROG）：类似于 C 语言的 Main 函数。程序内部调用函数或函数块，外部被任务（Task）调用而执行。

二、学习目标

（一）能使用 EcoStruxure Machine Expert 软件创建新项目。

（二）学会 POU 和 ACT 的创建。

（三）了解 ESME 软件的编程语言。

三、基本知识

（一）SFC（顺序流程图）

SFC（Sequential Function Chart，顺序流程图）是一种按照工艺流程进行编程的图形编

57

程语言，正因为它是按照工艺流程动作顺序编制程序，编程人员只需要根据工艺动作流程即可快速编程，SFC 编程不需要复杂的互锁电路，编程更加容易且不易出错，程序下载后，可以【在线】很直观地监视步和转换条件的状态，排查程序和设备问题很方便，因此在有确定工作顺序的自动化设备上，SFC 编程方法得到了非常广泛的应用。

（二）FBD（功能块图）

FBD（Function Block Diagram，功能块图）是面向图形的编程语言，与 IEC 61131-3 兼容。FBD 图与电子线路中的信号流图十分相似，比较适合熟悉电子电路的工程人员使用，尤其是熟悉数字逻辑的用户来使用。其中每个网络包含一个由框和连接线路组成的图形结构，该图形结构表示逻辑或算术表达式、功能块的调用、跳转或返回指令。

FBD（功能块）编程工具条的功能分为节操作符、布尔操作符、其他操作符以及功能块。

（三）CFC（连续功能图）

CFC（Continuous Function Chat，连续功能图）（IEC61131-3 标准的扩展）是一种图形化编程语言，工作方式与流程图类似。CFC 通过添加简单的逻辑块（AND、OR 等）来表示程序中的每个功能或功能块。每个功能块的输入位于左侧，输出位于右侧。功能块输出可链接到其他功能块的输入，从而创建复合表达式。

CFC 编辑器是一个图形编辑器，右侧是工具箱，里面装有 CFC 的各种编程元素。在编写 CFC POU 时，窗口的上半部分是声明编辑器，下半部分是 CFC 编辑器，里面编辑的是程序中的 CFC 连续功能图。

（四）ST（结构化文本）

大多数电气工程师在做 PLC 编程时，都习惯使用梯形图的编程语言，梯形图编程直观并且类似于继电器控制，梯形图在做逻辑比较简单的布尔量编程时很方便，但是如果程序中含有大量的运算，或者需要编写很复杂的布尔量逻辑程序时，再使用梯形图语言进行编程的话，效率就变得很低了。

而进行复杂的运算，校验程序等操作正是 ST（Structured Text，结构化文本）语言的强项，ST 语言的编程方法与 PASCAL 和 C 语言类似，比较适合懂高级语言编程的人来学习和使用，习惯使用梯形图的读者刚开始可能会觉得有些别扭，但时间久了，习惯了 ST 语言编程就会发现这种语言的高效率。

ST（结构化文本）的编程语言由表达式、操作数、操作符和指令元素组成。

一个 ST 程序由一定数量的语句组成，语句间用分号（;）隔开，注释需放在两个星号（＊＊）之间，单行注释在 ESME 软件中采用双斜杠。

（五）LD（梯形图）

LD（Ladder Diagram，梯形图）是应用最广泛，用户最多的编程语言，梯形图编程清晰、直观特别适合熟悉继电器回路的工程师使用。

LD（梯形图）语言的编程是与继电器控制系统的电路图相似的，直观易懂，对于熟悉继电器控制电路的电气人员来讲，梯形图编程语言最容易被接受和掌握，因此梯形图语言特别适用于开关量的逻辑控制。

编辑程序时，梯形图程序被划分为若干个网络，一个网络只有一块独立电路，有时一条指令也算一个网络。梯形图的编程元件主要有触点、线圈、指令盒、标点和连线组成。

LAD 编辑器已经画出两条竖直方向的母线，编程时读者可以按从左到右、从上到下的顺序编辑每一个逻辑行的程序。

（六）创建伺服控制系统的新项目

在打开的 ESME 软件中，依次单击【文件】→【新建工程】，在项目类型中，读者可以选择五种类型中的一种去创建新工程，即默认项目、库、来自项目模板、来自示例和空项目。

双击 ESME 软件，依次单击【文件】→【默认项目】→【控制器】，选择 TM241，操作如图 2-8 所示。

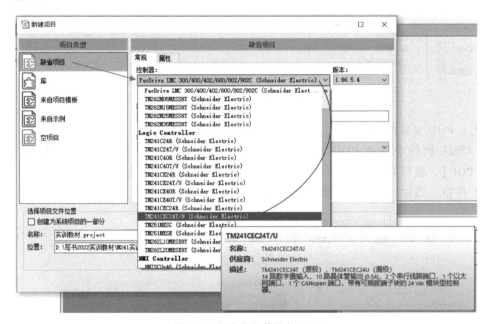

图 2-8 创建项目并添加 PLC

选择控制器名称，名称为【实训教材】，并在 SR_Main 中选择编程语言，这里以功能块为例单击【确定】按钮，如图 2-9 所示。

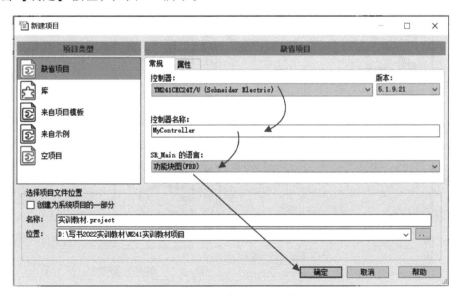

图 2-9 创建 FBD 编程语言的项目

创建完成后，在存储的 D 盘上可以看到创建的项目文件，如图 2-10 所示。

图 2-10　新创建的项目文件

（七）POU 对象的添加

在 ESME 软件中添加 POU 方法如下，使用鼠标右键单击【MyController】→【添加对象】→【POU】，编写 POU 的名称和类型，选择【实现语言】【结构化文本（ST）】后，单击【打开】按钮，添加【POU】对象，如图 2-11 所示。

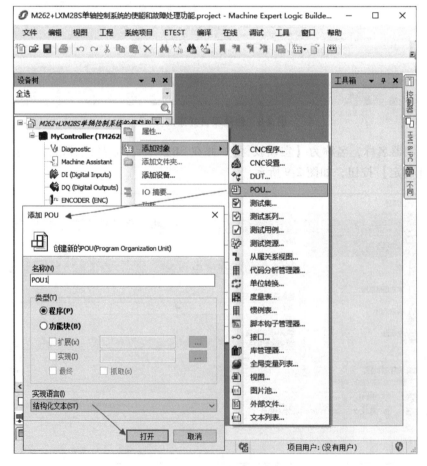

图 2-11　添加 POU 对象

每个程序组织单元 POU 都包括名称、变量声明区和代码区三部分。

（八）ACT 动作的添加

单击 ESME 软件中的【应用程序树】，使用鼠标右键单击【SR_Main（PRG）】，选择【添加对象】→【动作】，名称（N）：为【A01_Safety】，选择功能块（FBD）编程语言，如图 2-12 所示。

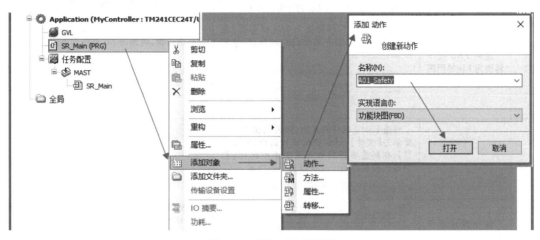

图 2-12　添加动作的流程

四、能力训练

（一）操作条件

1. 实验环境的要求：通风良好，温度为 15~35℃，相对湿度为 20%~90%，照度为 200~300lx，无易燃、易爆及腐蚀性气体或液体，无导电性粉尘和杂物。

2. 实验室的要求：应有安全用具、防护用具和消防器材等。

3. 实验台的要求：实验台与电气系统设计相一致、电控柜接地良好、电机绝缘良好、设备元器件齐全、无脱线现象。实验台稳固、台面清洁。

4. 工具和仪器仪表的要求：符合装备和调试的常用工具和仪器仪表。定期检查、清洁以保证其性能良好。

5. 操作计算机的要求：操作系统安装完成后，PC 网口或 USB 端口能够正常工作。

（二）安全及注意事项

1. 实验台设备应符合 IEC 61508-2—2010 标准，即符合电气/电子/可编程电子安全相关系统的要求。实验人员必须严格执行国家的安全作业规定。

2. 操作人员必须具备必要的电工知识，熟悉供电系统和各种电气设备的性能和操作方法，还应具备在异常情况下采取相应措施的处理能力。

3. 实验期间禁止乱放、乱拉和乱接电线电缆。

4. 在进行供电与停电操作及相关的电气实验操作时，必须穿戴合格的绝缘手套和绝缘鞋，必须按照正确的顺序进行操作。

5. 接线作业完成后，经实验室教师复核同意后方可进行通电，或电气实验操作；实验操作分为两组人员，一组做实验，另一组进行安全监控，实验的所有进程都应有教师的监督和指导。

6. 实验结束后，恢复实验设备至初始状态，清理台面并将工具和仪器仪表归位。

（三）操作过程

序号	步骤	操作方法及说明	质量标准
1	EcoStruxure Machine Expert 软件有几种编程语言	掌握 ESME 软件中指令表（IL）、梯形图（LD）、功能块图（FBD）、顺序功能图/流程图（SFC）、结构化文本（ST），以及 CFC（连续功能图）这五种编程语言，能够创建用户程序	说出指令表（IL）、梯形图（LD）、功能块图（FBD）、顺序功能图/流程图（SFC）、结构化文本（ST），以及 CFC（连续功能图）的含义
2	能将 FBD 程序转换为 LD 梯形图程序	掌握将 FBD 程序转换为 LD（梯形图）程序的技巧，即使用主菜单进行转换，FBD 程序如下图所示	单击主菜单的 FBD/LD/IL→视图→显示为梯形图逻辑，转为的 LD 程序如下图所示
3	使用默认项目类型，创建 PLC 是 M262M05MESS8T 的新项目	精通 ESME 软件的界面，知道创建新项目要单击【文件】→【新建项目】，选择【默认项目】，在新建项目的常规选项卡中选择【控制器】，控制器的下拉菜单如下图所示	正确选择 M262M05MESS8T 后的控制器编辑栏如下图所示

问题情境：

在 SFC 编程时，步的名称比较长，例如步的名称是 LXM28S_PostionControl，在 SR_Main 中显示时名称显示为 LXM28S_Pos…，步名称显示不全如图 2-13 所示，应怎样处理？

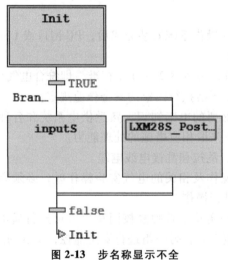

图 2-13　步名称显示不全

　　SFC 步宽度的调整在菜单【工具】下的【选项】中，选中【SFC 编辑器】，将步宽度设置为【10】，在 SR_Main 中可以看到步名称显示完整了，如图 2-14 所示。

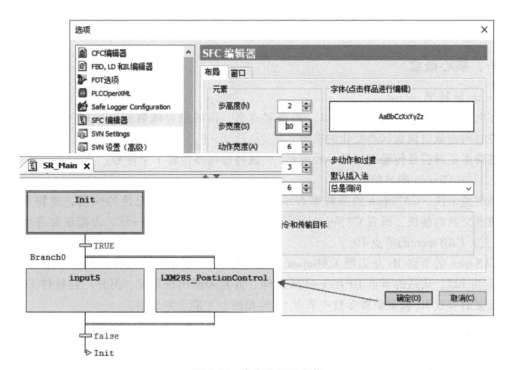

图 2-14　步名称显示完整

（四）学习结果评价

序号	评价内容	评价标准	评价结果
1	判断 ESME 软件是否支持 IEC 61131-3 的编程语言	支持	
2	判断 CFC 编程的程序是否能使用 ESME 软件的功能转换成其他编程语言	不能	
3	会使用 ESME 软件创建 M262L2OMESE8T 的新项目，在【默认项目】的控制器中，选择 M262L2OMESE8T 控制器	创建完成后，在 ESME 软件的【设备树】的视图的 MyController 中可以看到（M262L2OMESE8T）	

五、课后作业

（一）LD（梯形图）语言编程时，几个串联支路相并联时，应将触点最多的那个支路放在最_____面；几个并联回路相串联时，应将触点最多的支路放在最_____面。

（二）SFC 编程时，初始步的矩形框体是_____线。

（三）单击 ESME 软件中的【应用程序树】，使用鼠标右键单击【SR_Main（PRG）】，选择【】→【动作】添加新动作的添加。

（四）每个程序组织单元都包括名称、和代码区三部分。

职业能力 2.1.3 能在 EcoStruxure 软件中对 LXM32M 伺服驱动器项目进行组态

一、核心概念

(一) 波特率

在电子通信领域，波特（Baud）即调制速率，指的是有效数据信号调制载波的速率，即单位时间内载波调制状态变化的次数。

波特率是对符号传输速率的一种度量，1 波特指每秒传输 1 个符号。

(二) CANopen 的波特率

通俗地来说，CANopen 的波特率表示了 CANopen 总线数据交换的快慢，波特率越高，表明数据交换的越快，所有 CANopen 通信设备的通信波特率必须一致，方能正常进行通信。

(三) CANopen 的节点 ID

CANopen 的节点 ID 是表明 CANopen 总线身份 ID，在 ESME 编程软件中，主站的节点 ID 固定为 127，从站的节点 ID 在 1~126 之间，并且不能出现重复。另外，在软件 ESME 软件中配置的节点 ID 和驱动器参数中节点 ID 应相同，才能正常通信。

二、学习目标

(一) 学会 CANopen 网络的创建和硬件组态。

(二) 掌握 CAN 网络上添加 LXM32M 伺服驱动器和 LXM28A 伺服驱动器的方法。

(三) 掌握 TM3 扩展模块的添加方法。

(四) 学会更新固件。

三、基本知识

(一) M241 实验台的机架结构

M241 实验台的自动控制系统中配置了两台 PLC，即 TM241CEC24T 和 TM251MESE。M241、M251 和 HMI 与 TCSESU053FN0 使用 EIP 进行数据的交互，M241 通过 CAN 总线与三台 LXM28A 伺服驱动器、一台 LMX32M 伺服驱动器和 ATV320 变频器通信，实验台的机架结构如图 2-15 所示。

(二) CAN 主站的创建和主站下伺服驱动器的添加

在新项目中根据设备清单选配伺服驱动器，实验台配置了 1 台 LXM32M 伺服驱动器和 3 台 LXM28A 伺服驱动器，网络采用 CAN 总线来控制伺服控制器。M241 使用 CANopen 通信，理论上从站可以到达 64 台。

首先添加 CAN 主站，单击【设备树】→【CAN_1】 ✛，在弹出来的【添加设备】界面中，单击【CANopen_Performance】→【添加设备】，如图 2-16 所示。

添加 CAN 从站 LXM32M 伺服驱动器，单击【设备树】→【CANopen_Performance】，鼠标右键选择【添加设备…】，也可以单击【设备树】，在【CANopen_Performace…】处鼠标右键单击+，在弹出来的【添加设备…】界面中，选择【Lexium 32 M】→【添加设备】按钮来

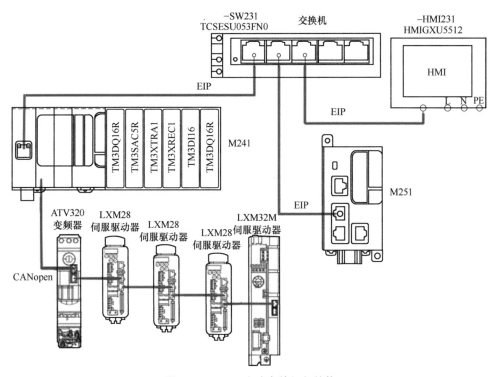

图 2-15　M241 实验台的机架结构

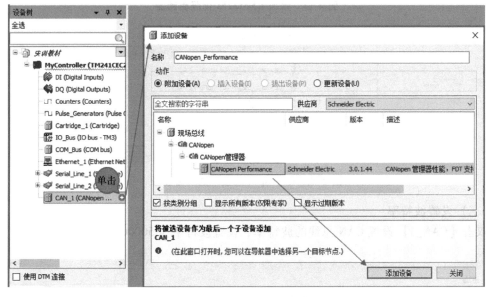

图 2-16　添加 CAN 主站

添加 LXM32M 伺服驱动器，如图 2-17 所示。

　　用同样的方法添加 CAN 总线的其他从站，例如 3 台 LXM28A 和 2 台 LXM32A，添加完成后用户可以拖动从站设备重新排列从站的设备顺序，CANopen 总线下的从站设备如图 2-18 所示。

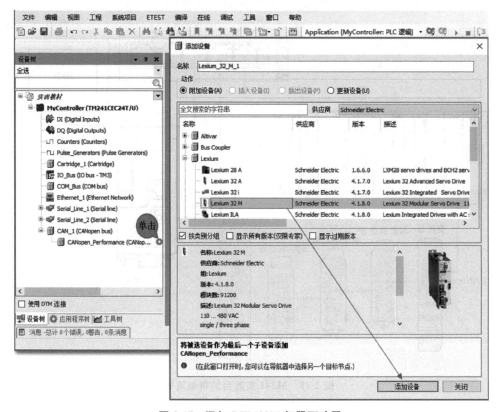

图 2-17　添加 LXM32M 伺服驱动器

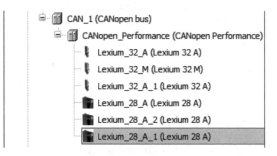

图 2-18　CANopen 总线下的从站设备

（三）设置波特率

双击【CAN_1】设置 CAN 总线的波特率，设置波特率为 500000 的操作如图 2-19 所示。

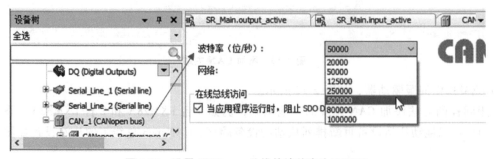

图 2-19　设置 CANopen 总线的波特率为 500000

（四）设置 CANopen 从站 SDO 通信数据

双击在 CANopen 从站 Lexium_32_M，在弹出的界面中选择【SDO】，单击【添加 SDO】，然后在弹出的界面中选择 6083，同时设置加速度时间为 800，如图 2-20 所示。

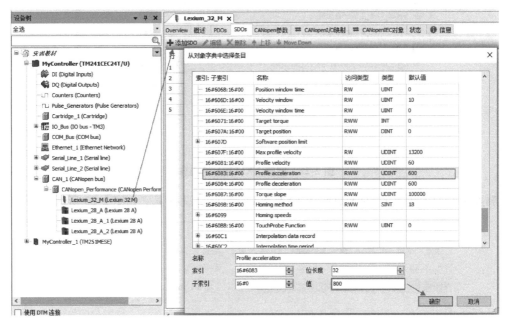

图 2-20　添加 SDO16#6083 的过程

（五）设置加减速参数

添加伺服运动的减速时间也为 800，它的 CANopen 地址为 16#6084，如图 2-21 所示。

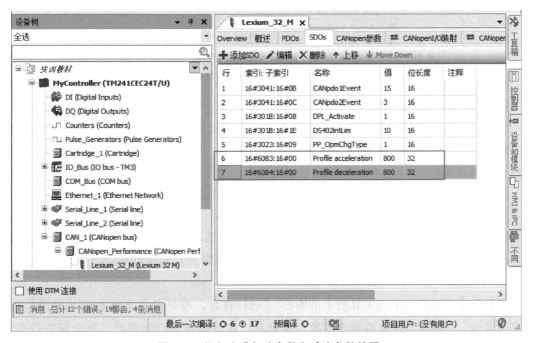

图 2-21　添加完成加速参数和减速参数的图

（六）CAN 从站的删除

用鼠标右键单击要删除的 LXM28A，在弹出的子选项中单击【删除】，如图 2-22 所示。

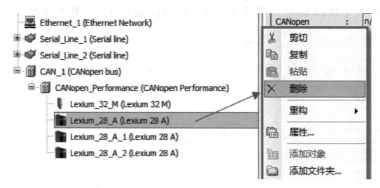

图 2-22   删除 LXM28A 的操作

删除后的设备树下的 CAN 总线的 LXM28A 只有两台设备了，如图 2-23 所示。

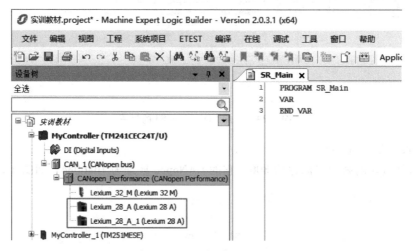

图 2-23   删除一个 LXM28 设备后的 LXM28A 的 CAN 从站

（七）添加扩展模块 TM3

实验台配置了 TM3 扩展模块，添加时单击工具【设备和模块】→【Digital In】，选择要添加的输入模块 TM3DI16，拖拽到【设备树】下的【IO_Bus（IO bus-TM3）】中，如图 2-24 所示。

同样的方法添加设备清单中的其他扩展模块，添加完成后如图 2-25 中框选所示。

还可以用鼠标右键单击【设备树】下的【IO_Bus（IO bus-TM3）】，选择【添加设备】去添加需要的模块即可。添加发射器（接收器）扩展模块 TM3XTRA1（TM3XREC1）设备时，只需要添加发射器模块，软件会自动地添加接收器模块，添加过程如图 2-26 所示。

（八）存盘、编译和下载的通信连接

项目组态完成后，单击工具栏上的图标🖫进行存盘，再单击主菜单上的【编译】进行项目的编译，如在消息栏中有错误或警告的提示，按照提示进行处理后，再重新进行编译，存盘和编译的操作如图 2-27 所示。

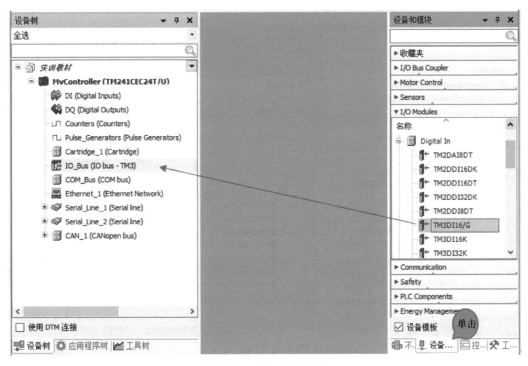

图 2-24　添加 TM3 模块

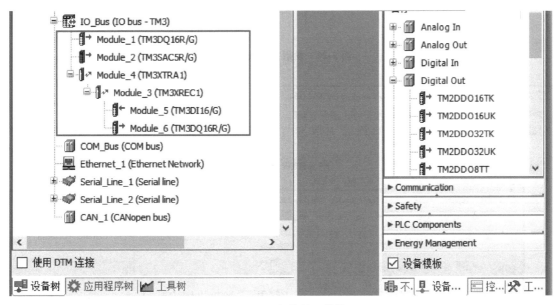

图 2-25　添加的扩展模块

实验台控制系统中的 PLC 配置的是 TM241CEC24T，可以通过这款 PLC 上的 3 个通信口进行下载。

通过 USB Mini-B 端口下载时，根据通信距离的不同可以选用两款 BMXXCAUSBH018 和 TCSXCNAMUM3P。通过以太网端口下载时，选择 490NTW000+长度的以太网通信电缆，也可以通过 SD 卡进行程序的下载。

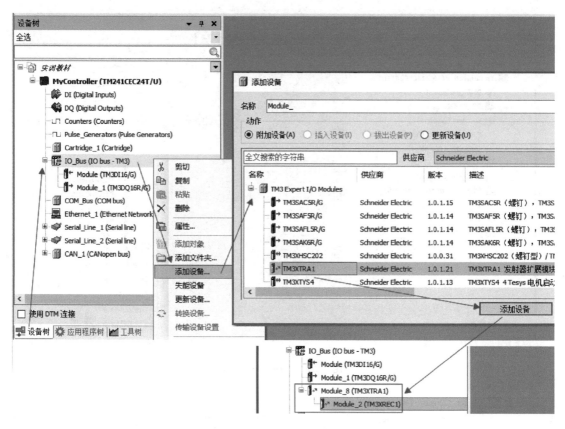

图 2-26　发射器模块的添加

图 2-27　存盘和编译的操作

四、能力训练

（一）操作条件

1. 实验环境的要求：通风良好、温度为 15~35℃、相对湿度为 20%~90%、照度为 200~300lx、无易燃、易爆及腐蚀性气体或液体、无导电性粉尘和杂物。

2. 实验室的要求：应有安全用具、防护用具和消防器材等。

3. 实验台的要求：实验台与电气系统设计相一致、电控柜接地良好、电机绝缘良好、设备元器件齐全、无脱线现象。实验台稳固、台面清洁。

4. 工具和仪器仪表的要求：符合装备和调试的常用工具和仪器仪表。定期检查、清洁以保证其性能良好。

5. 操作计算机的要求：操作系统安装完成后，并具有管理员权限，PC网口或 USB 端口能够正常工作，PC 能够连接 Internet。

（二）安全及注意事项

1. 实验台设备应符合 IEC 61508-2—2010《电气、电子、程序可控的电子安全相关系统的功能性安全　第 2 部分：电气、电子、程序可控的电子安全相关系统要求》标准，即符合电气/电子/可编程电子安全相关系统的要求。实验人员必须严格执行国家的安全作业规定。

2. 操作人员必须具备必要的电工知识，熟悉供电系统和各种电气设备的性能和操作方法，还应具备在异常情况下采取相应措施的处理能力。

3. 实验期间禁止乱放、乱拉和乱接电线电缆。

4. 在进行供电与停电操作及相关的电气实验操作时，必须穿戴合格的绝缘手套和绝缘鞋，必须按照正确的顺序进行操作。

5. 接线作业完成后，经实验室教师复核同意后方可进行通电，或电气实验操作；实验操作分为两组人员，一组做实验，另一组进行安全监控，实验的所有进程都应有教师的监督和指导。

6. 实验结束后，恢复实验设备至初始状态，清理台面并将工具和仪器仪表归位。

（三）操作过程

序号	步骤	操作方法及说明	质量标准
1	设置 CANopen 总线波特率 10K	掌握设置波特率应打开 ESME 软件，双击【CAN_1】，在波特率的下拉列表中选择【1000000】，如下图所示	正确设置总线波特率为 1M 后，如下图所示

（续）

序号	步骤	操作方法及说明	质量标准
2	设置 CANo-pen 节点 ID	双击在 CANopen 从站 Lexium_32_M，如下图所示	完成 LXM32M 的从站 CANopenID 的节点地址为 4
3	在 SoMove 中设置 LXM32M 的地址和波特率	连接通信线，打开 SoMove 调试软件，单击【CANmotion】，设置地址为【4】，回车，再设置波特率为【1M Baud】，如下图所示	使用 SoMove 软件设置完成后，可以在软件中看到设置的参数数值
4	让参数修改生效	掌握参数修改生效的方法是将伺服 LXM32M 断电再重新上电	通信连接成功代表参数修改完成并生效了
5	在设备树下的【IO_Bus（IO bus-TM）】下添加 TM3AQ4/G 扩展模块	掌握单击【设备和模块】→【I/O Modules】→【TM3AQ4/G】，拖拽到设备树中的【IO_Bus（IO bus-TM）】下，TM3AQ4 扩展模块的位置如下图所示	完成添加后，在设备树下的【IO_Bus（IO bus-TM3）】下能够查看到【TM3AQ4/G】扩展模块，如下图所示

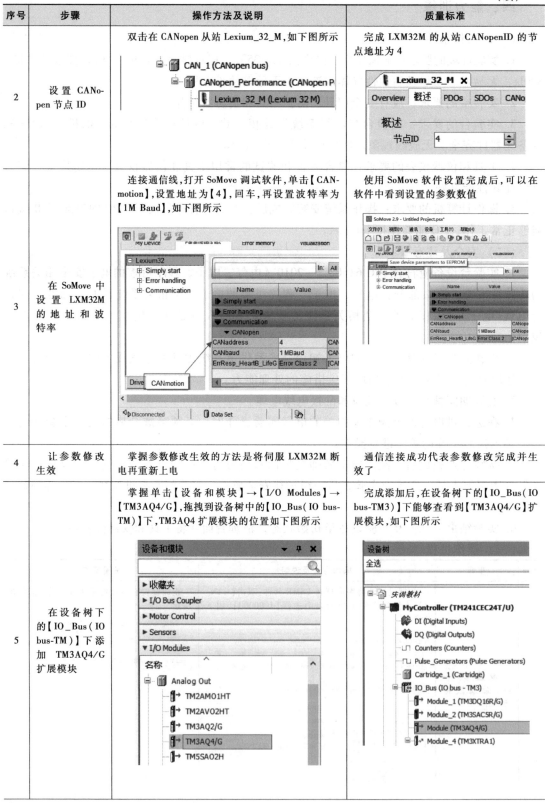

（续）

序号	步骤	操作方法及说明	质量标准
6	存盘并检查程序错误	单击主菜单上的存盘图标,单击主菜单上的【编译】进行错误检查,编译菜单操作如下图所示 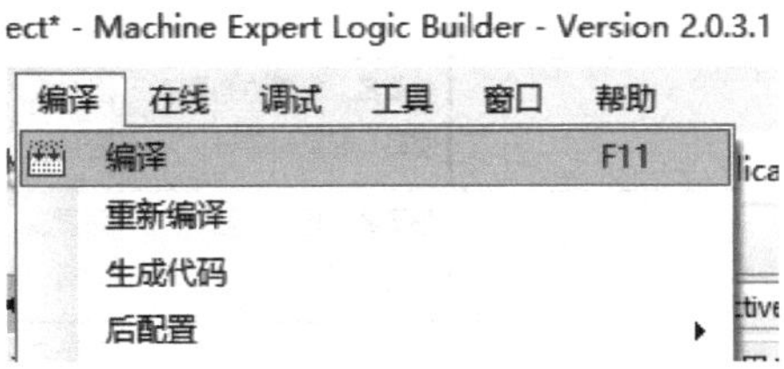 	检查后,没有错误和警告的提示,如下图所示 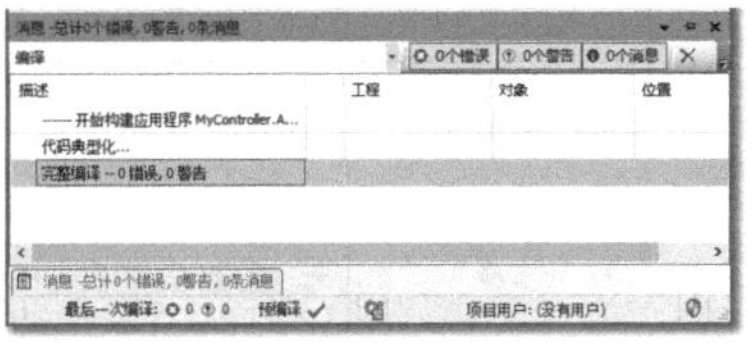
7	将导入程序的 SD 卡插入 M241 的卡槽内	翻开 M241 的 SD 卡的插槽盖,将 SD 卡的标识向外,金手指向下插入 SD 卡的插槽内,最后盖紧插槽盖即可  	正确插入后,可以合上插槽盖,SD 卡插入错误会插不进插槽,插入后如下图所示 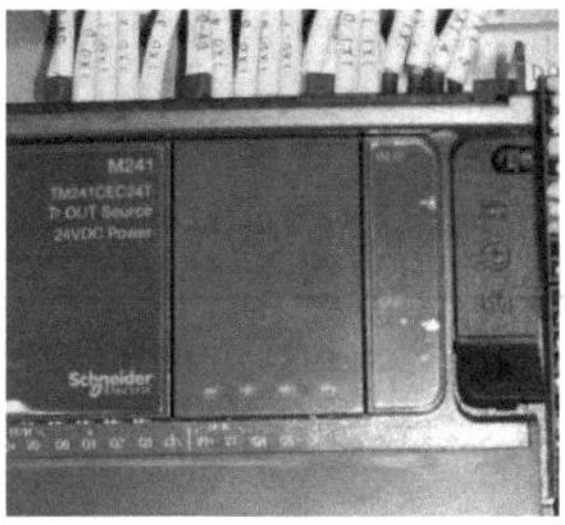

问题情境一：

EcoStruxure Machine Expert 软件连接 M241/M251/262 等 PLC 时默认的用户名密码是多少？

M241/M251/262 等 PLC 在固件更新到 EcoStruxure Machine Expert 1.2 平台（固件 V5.0.8.x）后，默认用户名密码均为 Administrator。

EcoStruxure Machine Expert V2.0 平台（固件 V5.1.x.x），首次下载时需要用户自行设置用户名和密码，首次下载时的用户名密码拥有管理员权限。

问题情境二：

M241 PLC 禁用了用户账户管理后，但是访问 Web、FTP、OPC-UA 服务器仍然需要用户名或密码，用户名和密码各是什么？

M241 PLC 禁用了用户账户管理后，无需登录名和密码即可通过以太网口或 USB 口连接 PLC，但是如果需要访问 Web、FTP、OPC-UA 服务器仍然需要用户名或密码，如图 2-28 所示。

服务器/功能	首次连接，或者在执行了复位到缺省值/初始值复位/初始化设备之后的连接	用户权限已启用	禁用了用户权限后的连接
EcoStruxure Machine Expert	您必须先创建登录名和密码。 注：首次连接期间创建的登录名和密码具有管理员权限。 注：如果丢失了登录名和密码，请参阅故障排除，了解相关解决办法。	登录名：配置的登录名 密码：配置的密码	不需要登录名或密码。
Web 服务器	无法登录	登录名：配置的登录名 密码：配置的密码	登录名：Anonymous 密码：无需密码。
FTP 服务器	无法登录	登录名：配置的登录名 密码：配置的密码	登录名：Anonymous 密码：Anonymous
OPC-UA	无法登录	登录名：配置的登录名 密码：配置的密码	登录名：Anonymous 密码：Anonymous
更改设备名称功能	无法登录	登录名：配置的登录名 密码：配置的密码	不需要登录名或密码。

图 2-28　用户名或密码明细

（四）学习结果评价

序号	评价内容	评价标准	评价结果
1	在设备树下的【IO_Bus（IO bus-TM）】下添加 TM3AI8/G 扩展模块	完成添加后，在 IO_Bus 下能够查看到 TM3AI8/G 模块	
2	添加 TM3 扩展模块后进行编译	完成添加后，单击主菜单上的【编译】进行错误检查，检查后没有错误和警告的提示代表已经正确添加 TM3 模块了	

五、课后作业

（一）CAN 主轴的节点 ID 固定值是_____？

（二）在【设备树】中，完成添加扩展模块 TM3DI16。

（三）选用 ControllerAssistant 软件刷新 TM241 的固件为 V4.0.6.42，此固件可以到施耐德官方网站下载，下载地址

https：//www.se.com/hk/en/product-range/62129-logic-controller-modicon-m241/？ parent-subcategory-id＝3910&filter＝business-1-industrial-automation-and-control#software-and-firmware。

工作任务 2.2　伺服库中功能块的调用

职业能力 2.2.1　熟悉 M241 中伺服库的相关知识

一、核心概念

（一）库与库中的功能块

库提供了可用于项目开发的函数、功能块、数据类型和全局变量。库文件由多个可重复

使用的功能库集合而成，包括系统库和用户自定义库。系统库一般会自动形成，不需要手动添加，部分根据需要导入。而用户自定义库可以根据用户自己的需要创建专属的库文件。

在 ESME 软件中支持 PLC Controller 相关的系统库、施耐德提供的库、codesys 提供的库文件等。

以 GIPLC 伺服功能块为例，在项目中使用 CANopen 去控制 LXM32 伺服和变频器等产品时，可以调用 GIPLC 库中的功能块去实现工艺上的要求。

（二）PLC Controller 与 M241 相关的库

在 EcoStruxure Machine Expert 软件创建的项目中，添加 M241 之后，软件会自动地加载 M241 支持的库，见表 2-1。

表 2-1　M241 支持的库

库名称	描述
IoStandard	CmpIoMgr 配置类型、ConfigAccess、参数和帮助功能：管理应用程序中的 I/O
Standard	包含符合 IEC61131-3 所需的函数和功能块，作为 IEC 编程系统的标准 POU。将标准 POU 链接到项目（standard. library）
Util	模拟量监控、BCD 转换、位/字节函数、控制器数据类型、函数操纵器、数学函数和信号
PLCCommunication	SysMem、Standard 这些功能有助于实现特定设备之间的通信。大多数函数专用于 Modbus 交换。相对于调用函数的应用任务而言，通信函数的处理是异步的
M241 PLC System	M241 PLC System 包含函数和变量，用于获取诊断信息和向控制器系统发送命令
M241 HSC	M241 HSC 包含功能块和变量，用于获取信息和向 Modicon M241 Logic Controller 的快速输入/输出发送命令。这些功能块可以实现在 Modicon M241 Logic Controller 的快速输入/输出上执行 HSC（高速计数）
M241 PTOPWM	包含功能块和变量，用于获取信息和向 Modicon M241 Logic Controller 的快速输入/输出发送命令。这些功能块可用于在 Modicon M241 Logic Controller 的快速输出上实现 PTO（脉冲串输出）和 PWM（脉冲宽度调制）功能
重定位表	重新定位表可以将非连续数据重新分组到寄存器的连续表中，从而组织数据以优化 Modbus 客户端与控制器之间的交换

二、学习目标

（一）能理解库的概念。

（二）学会在项目中调用库中的功能块。

（三）能正确设置功能块的属性。

三、基本知识

（一）GILXM 库中与 LXM32 伺服驱动器相关的伺服功能块的种类

在单轴 M241 伺服控制系统中可以调用的功能块如下：

操作模式 Jog 的功能块有 Jog_LXM32。

操作模式力矩模式的功能块有设定力矩斜坡功能块 SetTorqueRamp_LXM32、力矩控制功能块 TorqueControl_LXM32。

操作模式速度模式的功能块有 MoveVelocity_LXM32。

操作模式 Homing 的功能块有 Home_LXM32。

停止的功能块有设置停止斜坡 SetStopRamp_LXM32、停止功能块 Stop_LXM32、暂停功能块 Halt_LXM32。

通过信号输入进行位置捕捉的功能块有 TouchProbe_LXM32。

写入参数的功能块有设置斜坡时间 SetDriveRamp_LXM32、设置限位开关 SetLimitSwitch_LXM32、复位参数功能块 ResetParameters_LXM32、存储参数功能块 StoreParameters_LXM32。

（二）LXM32 伺服驱动器常用的 GIPLC 伺服功能块

1. MC_Power 功能块

MC_Power 是轴初始化功能块，在程序中调用 MC_Power 功能块，完成伺服上的使能是后面轴运动功能块动作的基础和前提，这个功能块常用作 Motion Blocks 轴控制块的使能，用来启用或禁用驱动电源。只有【Status】的引脚输出为真，驱动器才能运行。FBD 编程语言下的功能块如图 2-29 所示。

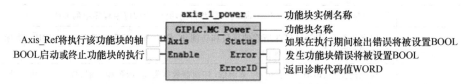

图 2-29　MC_Power 功能块

2. MC_MoveVelocity 功能块

MC_MoveVelocity 是操作模式 Profile Velocity 的功能块。FBD 编程语言下的 MC_MoveVelocity 功能块如图 2-30 所示。

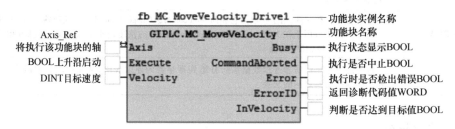

图 2-30　MC_MoveVelocity 功能块

在程序中，调用功能块 MC_MoveVelocity，可以启动 Profile Velocity 的操作模式，进行单轴伺服速度控制。以输入引脚【Velocity】定义的目标速度执行运动。在达到目标速度后，输出 InVelocity 设置为 TRUE。另外，输入【Execute】的上升沿可以启动功能块，启动后功能块持续执行，并将输出【Busy】设置为 TRUE。

3. MC_MoveAbsolute 功能块

MC_MoveAbsolute 是操作模式 Profile Position 的功能块，功能块 MC_MoveAbsolute 能够实现伺服轴的绝对位置移动。输入【Execute】的上升沿可以启动功能块，启动后功能块持续执行，并将输出【Busy】设置为 TRUE，此功能块可在执行期间重启，重启后目标值将被上升沿出现时该点的新值所覆盖。FBD 编程语言下的 MC_MoveAbsolute 功能块如图 2-31 所示。

4. MC_MoveAdditive 功能块

叠加位置移动功能块 MC_MoveAdditive 是操作模式 Profile Position 的功能块，此功能块

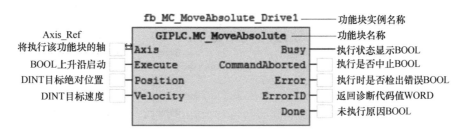

图 2-31　MC_MoveAbsolute 功能块

可启动朝向原始目标位置（包括距离 Distance）的运动。FBD 编程语言下的 MC_MoveAddit-ive 功能块如图 2-32 所示。

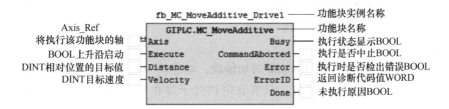

图 2-32　MC_MoveAdditive 功能块

输入【Execute】的上升沿可以启动功能块，启动后功能块持续执行，并将输出【Busy】设置为 TRUE，此功能块可在执行期间重启，重启后目标值将被上升沿出现时该点的新值所覆盖。

输入引脚【Velocity】：目标速度，单位是用户自定义的，数据类型是 DINT，值的范围是-2147483648...2147483647，默认值：0。

输入引脚【Distance】：目标相对位置，数据类型是 DINT，值的范围是 0～2147483648...2147483647，默认值：0。

输出引脚【Done】：未执行原因，数据类型是 BOOL，当值为 FALSE 时，代表执行尚未启动，或者已检出错误。当值为 TRUE 时，代表没有检出错误时执行终止。

输入引脚【Busy】：执行状态显示，数据类型是 BOOL，当值是 FALSE 时，代表功能块不处于正被执行状态。当值是 TRUE 时，代表功能块正在执行中。

输出引脚【CommandAborted】【Error】和【Busy】的数据类型都是 BOOL 型，值的范围是 TRUE 或 FALSE。

输出引脚【Error】：当值是 FALSE 时，功能块的执行正在进行中，尚未检出错误。当值是 TRUE 时，已在执行功能块时检出错误。

输出引脚【ErrorID】连接的变量是返回诊断码，数据类型是 WORD。如果值为 0，并且此功能块的输出 Error 设置为 TRUE，则可以利用功能块 MC_ReadAxisError 的输出 AxisError-ID 读取诊断代码。

输入引脚【Axis】的数据类型是 Axis_Ref。

5. MC_MoveRelative 功能块

MC_MoveRelative 是操作模式 Profile Position 的功能块。FBD 编程语言下的 MC_MoveRel-ative 功能块如图 2-33 所示。

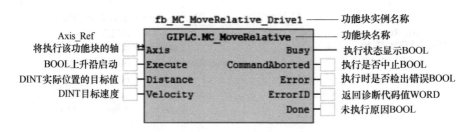

图 2-33　MC_MoveRelative 功能块

此功能块可启动朝向实际位置的运动（距离为 Distance）

输入【Execute】的上升沿可以启动功能块，启动后功能块持续执行，并将输出【Busy】设置为 TRUE，此功能块可在执行期间重启，重启后目标值将被上升沿出现时该点的新值所覆盖。

6. MC_SetPosition 功能块

MC_SetPosition 是操作模式 Homing 的功能块，功能块 MC_SetPosition 用来对电机的实际位置进行设置，从而得到零点位置。只有在电机处于静止状态时才能调用并执行这个功能块。在伺服轴使能后，可以在不移动伺服的前提下，设置轴的位置。FBD 编程语言下的 MC_SetPosition 功能块如图 2-34 所示。

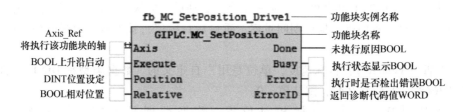

图 2-34　MC_SetPosition 功能块

输入【Execute】的上升沿可以启动功能块，启动后功能块持续执行，并将输出【Busy】设置为 TRUE，此功能块可在执行期间重启，重启后目标值将被上升沿出现时该点的新值所覆盖。

7. MC_Home 功能块

MC_Home 是操作模式 Homing 的功能块，MC_Home 功能块会开始寻原点过程。FBD 编程语言下的 MC_Home 功能块如图 2-35 所示。

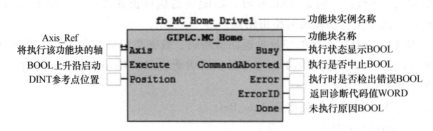

图 2-35　MC_Home 功能块

输入【Execute】的上升沿可以启动功能块，启动后功能块持续执行，并将输出【Busy】

设置为 TRUE，此功能块可在执行期间重启，重启后目标值将被上升沿出现时该点的新值所覆盖。

单击引脚【Axis】的编辑框???，输入【Lexium】后，在弹出的【自动声明】中，声明这个变量的类型为 Axis_Ref，名称是伺服系统中的第一台 32A 伺服 Lexium_32_A，即关联上了这台伺服。

8. MC_Stop 功能块

MC_Halt 是暂停功能块，MC_Stop 功能块可命令驱动器快速停止运动。在程序中调用MC_Stop，能够实现伺服轴的急停或模式切换时的快速停车。FBD 编程语言下的 MC_Stop 功能块如图 2-36 所示。

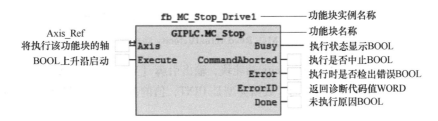

图 2-36　MC_Stop 功能块

驱动器特有的停止参数（例如减速斜坡）在驱动器参数中设置，也可以使用 SDO 来设置。

停止过程只能通过经由 MC_Power 禁用电源级来中止。在 MC_Stop 处于工作状态时执行另一运动功能块并不会影响停止过程。这意味着，功能块 MC_Stop 会比运动功能块的优先级高。

只要输入 Execute 为 TRUE，运动命令就无法执行。在这种情况下，已执行的功能块都会带着功能块错误而结束。

9. MC_Halt 功能块

MC_Halt 是暂停的功能块，可以停止进行中的运动。操作模式由此功能块停止。可以使用另一功能块来中止此功能块的执行。如果触发了"暂停"功能，将会出现由 PLCopen 状态向 Discrete Motion 状态的过渡，且该过渡会在电机到达停止状态之前一直持续。一旦电机已到达停止状态，输出 Done 就会被设置，且状态将过渡为 StandStill。FBD 编程语言下的MC_Halt 功能块如图 2-37 所示。

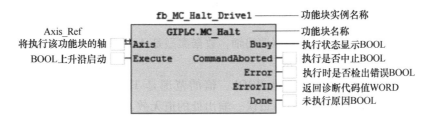

图 2-37　MC_Halt 功能块

输入【Execute】的上升沿可以启动功能块，启动后功能块持续执行，并将输出【Busy】

设置为 TRUE，此功能块可在执行期间重启，重启后目标值将被上升沿出现时该点的新值所覆盖。

10. MC_ReadActualVelocity 功能块

MC_ReadActualVelocity 是读取参数的功能块，用于读取电机的实际速度。FBD 编程语言下的 MC_ReadActualVelocity 功能块如图 2-38 所示。

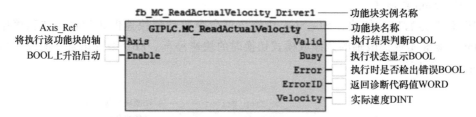

图 2-38　MC_ReadActualVelocity 功能块

在程序中调用 MC_ReadActualVelocity 功能块，输出引脚【Velocity】连接的变量是轴执行运动的实际速度，单位是用户自定义的，数据类型是 DINT，值的范围是−2147483648…2147483647，默认值：0。

11. MC_ReadActualPosition 功能块

MC_ReadActualPosition 是读取参数的功能块，用于读取实际位置。MC_ReadActualPosition，FBD 编程语言下的 MC_ReadActualPosition 功能块如图 2-39 所示。

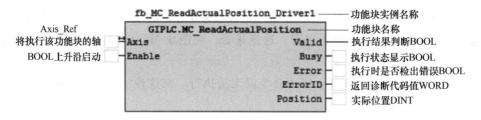

图 2-39　MC_ReadActualPosition 功能块

在程序中调用 MC_ReadActualPosition 功能块，输出引脚【Position】连接的变量是轴实际运行的位置，单位是用户自定义的，数据类型是 DINT，值的范围是−2147483648…2147483647，默认值：0。

12. MC_ReadAxisError 功能块

MC_ReadAxisError 功能块是错误处理功能块，用来读取与最新检出错误有关的错误信息。

输入引脚【Axis】：链接的是要驱动的轴，数据类型是 Axis_Ref。FBD 编程语言下的 MC_ReadAxisError 功能块如图 2-40 所示。

输出引脚【Valid】：数据类型是 BOOL，值的范围是 TRUE 或 FALSE。当值是 FALSE时，代表执行尚未启动，或者已检出错误。输出处的值无效。当值是 TRUE 时：无检出错误时执行已完成。输出处的值有效，并可以进行进一步处理。

输出引脚【Busy】：数据类型是 BOOL，值的范围是 TRUE 或 FALSE。当值是 FALSE 时，功能块不处于正被执行状态，当值是 TRUE 时，代表功能块正在执行中。

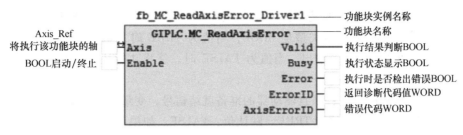

图 2-40　MC_ReadAxisError 功能块

输出引脚【AxisErrorID】：连接的变量输出显示库特有的以及驱动器特有的错误代码，数据类型是 WORD，初始值：0。

13．MC_Reset 功能块

MC_Reset 功能块是错误处理功能块，用于确认错误消息并复位故障。FBD 编程语言下的功能块如图 2-41 所示。

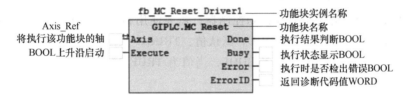

图 2-41　MC_Reset 功能块

输入引脚【Execute】：输入 Execute 的上升沿用来启动或终止功能块的执行。数据类型是 BOOL，值的范围是 TRUE 或 FALSE。启动功能块后，功能块持续执行，同时输出 Busy 设置为 TRUE。当功能块处于执行状态中时，输入 Execute 处的上升沿将被忽略。当值是 FALSE 时，如果 Enable 被设置为 FALSE，输出 Done、Error 或 CommandAborted 将被设置为 TRUE 并持续一个周期。当值是 TRUE，如果 Enable 被设置为 FALSE，输出 Done、Error 或 CommandAborted 仍将被设置为 TRUE。

输出引脚【Done】：未执行原因，数据类型是 BOOL，当值为 FALSE 时，代表执行尚未启动，或者已检出错误；当值为 TRUE 时，代表没有检出错误时执行终止。

输出引脚【Busy】：数据类型是 BOOL，值的范围是 TRUE 或 FALSE。当值是 FALSE 时，功能块不处于正被执行状态；当值是 TRUE 时，代表功能块正在执行中。

（三）PTO 伺服功能块

1．MC_Power_PTO 功能块

MC_Power_PTO 功能块用来管理轴状态的电源。CFC 编程语言下的功能块如图 2-42 所示。

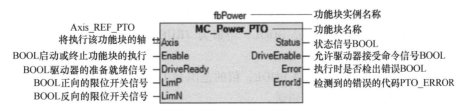

图 2-42　MC_Power_PTO 功能块

输入引脚【Axis】：连接的是将要执行功能块的轴，变量类型是 AXIS_REF_PTO。

输入引脚【Enable】：变量类型是 BOOL，当值为 TRUE 时，执行功能块，可以修改功能块输入值，还可以连续更新输出。当值为 FALSE 时，终止功能块执行并复位其输出。默认值：FALSE。

输入引脚【DriveReady】：来自驱动器的准备就绪信号，变量类型是 BOOL，当驱动器准备好开始执行运动时，值必须为 TRUE。默认值：FALSE。如果已将驱动器信号连接到控制器，请使用相应的 %Ix 输入。如果驱动器未提供此信号，则可以为此输入选择值 TRUE。

输入引脚【LimP】：变量类型是 BOOL，连接的是正向的硬件限位开关信号，达到硬件限位开关时，信号值必须为 FALSE。

如果已将硬件限位开关信号连接到控制器，请使用相应的 %Ix 输入。如果未提供此信号，则可以保留此输入不用或设置为 TRUE。默认值：TRUE。

输入引脚【LimN】：变量类型是 BOOL，连接的是反向的硬件限位开关信号，达到硬件限位开关时，信号值必须为 FALSE。

如果已将硬件限位开关信号连接到控制器，需要使用相应的 %Ix。如果未提供此信号，则可以保留此输入不用或设置为 TRUE。默认值：TRUE。

输出引脚【Status】：变量类型是 BOOL，当值为 TRUE 时，启用电源，可以执行运动命令。默认值：FALSE。

输出引脚【DriveEnable】：允许驱动器接收命令，变量类型是 BOOL，如果驱动器未使用此信号，可以保留此输出不用。默认值：FALSE。

输出引脚【Error】：变量类型是 BOOL，如果为 TRUE，表示检测到错误。功能块执行结束。默认值：FALSE。

输出引脚【ErrorId】：当 Error 为 TRUE 时：检测到的错误的代码。初始值：PTO_ER-ROR. NoError。

2. MC_Reset_PTO 功能块

MC_Reset_PTO 功能块在程序中调用能够复位所有与轴相关的错误。CFC 编程语言下的功能块如图 2-43 所示。

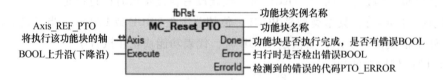

图 2-43 MC_Reset_PTO 功能块

输入引脚【Execute】：输入 Execute 的上升沿用来启动功能块的执行，下降沿终止功能块的执行，同时复位功能块的输出。数据类型是 BOOL，值的范围是 TRUE 或 FALSE。

输出引脚【Done】：数据类型是 BOOL，当值为 TRUE 时，代表功能块执行完成，且未检测到任何错误。

输出引脚【Error】：数据类型是 BOOL，值的范围是 TRUE 或 FALSE。当值是 TRUE 时，功能块执行完成，且未检测到任何错误。

输出引脚【ErrorId】：数据类型是 PTO_ERROR，初始值：PTO_ERROR. NoError。如果

值为 0，当 Error 为 TRUE 时：检测到的错误的代码。

输入引脚【Axis】的数据类型是 Axis_Ref_PTO。

3. MC_MoveAbsolute_PTO 功能块

MC_MoveAbsolute_PTO 功能块在程序中命令目标轴移动至绝对位置。如果没有其他功能块处于挂起状态，功能块将以速度为零完成。

此功能块能根据当前位置和目标位置自动地设置运动方向。如果距离太短，无法达到目标速度，运动轮廓将呈三角形，而不是梯形。

如果使用当前的方向无法到达该位置，则自动管理方向反转。如果运动正在进行，则首先使用 MC_MoveAbsolute_PTO 功能块的减速度来暂停运动，然后朝反向继续运动。加速/减速的持续时间不得超过 80s。CFC 编程语言下的功能块如图 2-44 所示。

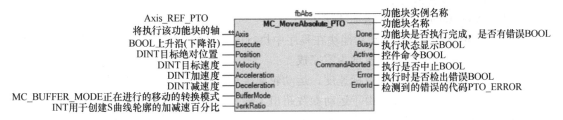

图 2-44　MC_MoveAbsolute_PTO 功能块的引脚定义

输入引脚【Axis】的数据类型是 Axis_REF_PTO。

输入引脚【Execute】：输入 Execute 的上升沿用来启动功能块的执行，下降沿终止功能块的执行，同时复位功能块的输出。数据类型是 BOOL，值的范围是 TRUE 或 FALSE。

输入引脚【Position】：目标绝对位置，数据类型是 DINT，默认值：0。

输入引脚【Velocity】：目标速度（Hz），范围：1...MaxVelocityAppl。数据类型是 DINT，默认值：0。

输入引脚【Acceleration】：数据类型是 DINT，默认值：0。以 Hz/ms 或 ms（根据配置）表示的加速度。

范围（Hz/ms）：...MaxAccelerationAppl。

范围（ms）：MaxAccelerationAppl...100,000。

输入引脚【Deceleration】：以 Hz/ms 或 ms（根据配置）表示的减速度。

范围（Hz/ms）：1...MaxDecelerationAppl。

范围（ms）：MaxDecelerationAppl...100,000。

输入引脚【BufferMode】：正在进行的移动转换模式。数据类型是 MC_BUFFER_MODE，默认值：mcAborting。

输入引脚【JerkRatio】：数据类型是 INT，默认值：0。

JerkRatio1：始于静止状态的用于创建 S 曲线轮廓的加速百分比。

JerkRatio2：达到恒定速度之前的用于创建 S 曲线轮廓的加速百分比。

JerkRatio3：始于恒定速度的用于创建 S 曲线轮廓的减速百分比。

JerkRatio4：达到静止状态之前的用于创建 S 曲线轮廓的减速百分比。

输出引脚【Done】：数据类型是 BOOL，当值为 TRUE 时，代表功能块执行完成，且未检测到任何错误。

输入引脚【Busy】：执行状态显示，数据类型是 BOOL，当值是 TRUE 时，代表功能块正在执行中。

输入引脚【Active】：该功能块控制着 Axis。数据类型是 BOOL，值的范围是 TRUE 或 FALSE。对于定义的 Active，一次只能有一个功能块将 Axis 设置为 TRUE。

输出引脚【CommandAborted】：由于另一个移动命令或检测到错误而中止，功能块执行完成。数据类型是 BOOL，值的范围是 TRUE 或 FALSE。

输出引脚【Error】：数据类型是 BOOL，值的范围是 TRUE 或 FALSE。当值是 TRUE 时，功能块执行完成，且未检测到任何错误。

输出引脚【ErrorId】：数据类型是 PTO_ERROR，初始值：PTO_ERROR. NoError。当 Error 为 TRUE 时：检测到的错误的代码。

4. MC_MoveRelative_PTO 运动功能块

MC_MoveRelative_PTO 运动功能块在程序中执行的是轴的相对移动。如果没有其他功能块处于挂起状态，功能块将以速度为零完成。

如果距离太短，无法达到目标速度，运动轮廓将呈三角形，而不是梯形。

如果运动正在进行，并且由于运动参数超出了命令的距离，则自动管理方向反转，首先使用 MC_MoveRelative_PTO 功能块的减速度来暂停运动，然后朝反向继续运动。

加速/减速的持续时间不得超过 80s。CFC 编程语言下的功能块如图 2-45 所示。

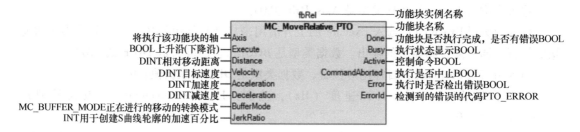

图 2-45　CFC 编程语言下的功能块

输入管脚【Axis】的数据类型是 Axis_REF_PTO。

输入引脚【Execute】：输入 Execute 的上升沿用来启动功能块的执行，下降沿终止功能块的执行，同时复位功能块的输出。数据类型是 BOOL，值的范围是 TRUE 或 FALSE。

输入引脚【Distance】：以脉冲数表示的相对运动距离。符号指定方向，数据类型是 DINT，默认值：0。

输入引脚【Velocity】：目标速度（Hz），范围：1...MaxVelocityAppl。数据类型是 DINT，默认值：0。

输入引脚【Acceleration】：数据类型是 DINT，默认值：0。以 Hz/ms 或 ms（根据配置）表示的加速度。

范围（Hz/ms）：...MaxAccelerationAppl。

范围（ms）：MaxAccelerationAppl...100，000。

输入引脚【Deceleration】：以 Hz/ms 或 ms（根据配置）表示的减速度。

范围（Hz/ms）：1...MaxDecelerationAppl。

范围（ms）：MaxDecelerationAppl...100，000。

输入引脚【BufferMode】：正在进行的移动的转换模式。数据类型是 MC_BUFFER_MODE，默认值：mcAborting。

输入引脚【JerkRatio】：数据类型是 INT，默认值：0。

JerkRatio1：始于静止状态的用于创建 S 曲线轮廓的加速百分比。

JerkRatio2：达到恒定速度之前的用于创建 S 曲线轮廓的加速百分比。

JerkRatio3：始于恒定速度的用于创建 S 曲线轮廓的减速百分比。

JerkRatio4：达到静止状态之前的用于创建 S 曲线轮廓的减速百分比。

输出引脚【Done】：数据类型是 BOOL，当值为 TRUE 时，代表功能块执行完成，且未检测到任何错误。

输入引脚【Busy】：执行状态显示，数据类型是 BOOL，当值是 TRUE 时，代表功能块正在执行中。

输入引脚【Active】：该功能块控制着 Axis。数据类型是 BOOL，值的范围是 TRUE 或 FALSE。对于定义的 Active，一次只能有一个功能块将 Axis 设置为 TRUE。

输出引脚【CommandAborted】：由于另一个移动命令或检测到错误而中止，功能块执行完成。数据类型是 BOOL，值的范围是 TRUE 或 FALSE。

输出引脚【Error】：数据类型是 BOOL，值的范围是 TRUE 或 FALSE。当值是 TRUE 时，如果为 TRUE，表示检测到错误。功能块执行结束。

输出引脚【ErrorId】：数据类型是 PTO_ERROR，初始值：PTO_ERROR.NoError。当 Error 为 TRUE 时：检测到的错误的代码。

5. MC_MoveVelocity_PTO 运动功能块

MC_MoveVelocity_PTO 运动功能块在程序中用来控制轴的速度。如果运动正向进行，而新的命令速度方向为反向，则首先使用 MC_MoveVelocity_PTO 功能块的减速度来暂停运动，然后朝反向继续运动。加速/减速的持续时间不得超过 80s。CFC 编程语言下的功能块如图 2-46 所示。

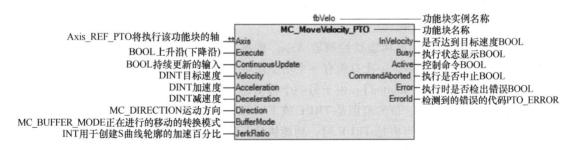

图 2-46　MC_MoveVelocity_PTO 功能块

输入引脚【Axis】的数据类型是 Axis_REF_PTO。

输入引脚【Execute】：在上升沿，启动功能块的执行。在下降沿，则在其执行终结时，复位功能块的输出。稍后对功能块输入参数的更改不会影响正在执行的命令，除非使用 ContinuousUpdate 输入。

如果在功能块的执行过程中检测到第二个上升沿，则正在进行的执行将中止，并且功能块此时使用参数的值重新开始执行。数据类型是 BOOL，值的范围是 TRUE 或 FALSE，默认值：FALSE。

输入引脚【ContinuousUpdate】：值为 TRUE 时，将使功能块使用输入变量（Velocity、Acceleration、Deceleration 和 Direction）的值，并将其应用于正在进行的命令，而不管其原始值如何。输入 ContinuousUpdate 的影响将从 Execute 引脚的上升沿触发功能块时开始，在功能块不在 Busy 或输入 ContinuousUpdate 设置为 FALSE 时结束。数据类型是 BOOL，值的范围是 TRUE 或 FALSE，默认值：FALSE。

输入引脚【Velocity】：目标速度（Hz），范围：1...MaxVelocityAppl。数据类型是 DINT，默认值：0。

输入引脚【Acceleration】：数据类型是 DINT，默认值：0。以 Hz/ms 或 ms（根据配置）表示的加速度。

范围（Hz/ms）：...MaxAccelerationAppl。

范围（ms）：MaxAccelerationAppl...100,000。

输入引脚【Deceleration】：以 Hz/ms 或 ms（根据配置）表示的减速度。

范围（Hz/ms）：1...MaxDecelerationAppl。

范围（ms）：MaxDecelerationAppl...100,000。

输入引脚【BufferMode】：正在进行的移动的转换模式。数据类型是 MC_BUFFER_MODE，默认值：mcAborting。

输入引脚【JerkRatio】：数据类型是 INT，默认值：0。

> JerkRatio1：始于静止状态的用于创建 S 曲线轮廓的加速百分比。
> JerkRatio2：达到恒定速度之前的用于创建 S 曲线轮廓的加速百分比。
> JerkRatio3：始于恒定速度的用于创建 S 曲线轮廓的减速百分比。
> JerkRatio4：达到静止状态之前的用于创建 S 曲线轮廓的减速百分比。

输出引脚【InVelocity】：数据类型是 BOOL，默认值：FALSE。如果为 TRUE，表示已达到目标速度。

输入引脚【Busy】：执行状态显示，数据类型是 BOOL，默认值：FALSE。当值是 TRUE 时，代表功能块正在执行中。

输入引脚【Active】：该功能块控制着 Axis。数据类型是 BOOL，值的范围是 TRUE 或 FALSE。对于定义的 Active，一次只能有一个功能块将 Axis 设置为 TRUE。

输出引脚【CommandAborted】：由于另一个移动命令或检测到错误而中止，功能块执行完成。数据类型是 BOOL，值的范围是 TRUE 或 FALSE，默认值：FALSE。

输出引脚【Error】：当值是 TRUE 时，功能块执行完成，且未检测到任何错误。数据类型是 BOOL，值的范围是 TRUE 或 FALSE，默认值：FALSE。

输出引脚【ErrorId】：数据类型是 PTO_ERROR，初始值：PTO_ERROR.NoError。如果值为 0，当 Error 为 TRUE 时：检测到的错误的代码。

6. MC_ReadActualVelocity_PTO 运动功能块

MC_ReadActualVelocity_PTO 运动功能块在程序中用于读取轴的给定速度。CFC 编程语言下的功能块如图 2-47 所示。

输入引脚【Axis】：连接的是将要执行功能块的轴，变量类型是 AXIS_REF_PTO。

输入引脚【Enable】：变量类型是 BOOL，当值为 TRUE 时，执行功能块，可以修改功

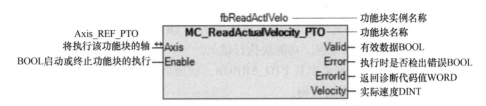

图 2-47　MC_ReadActualVelocity_PTO 功能块

能块输入值，还可以连续更新输出。当值为 FALSE 时，终止功能块执行并复位其输出。默认值：FALSE。

输出引脚【Valid】：可以在功能块的输出引脚获得有效数据。数据类型是 BOOL，值的范围是 TRUE 或 FALSE，默认值：FALSE。

输出引脚【Error】：当值是 TRUE 时，如果为 TRUE，表示检测到错误。功能块执行结束。数据类型是 BOOL，值的范围是 TRUE 或 FALSE，默认值：FALSE。

输出引脚【ErrorId】：数据类型是 PTO_ERROR，初始值：PTO_ERROR. NoError。当 Error 为 TRUE 时：检测到的错误的代码。

输入引脚【Velocity】：轴的实际速度（Hz），数据类型是 DINT，默认值：0。

7. MC_Stop_PTO 运动功能块

MC_Stop_PTO 运动功能块在程序中命令控制的运动立即停止。CFC 编程语言下的功能块如图 2-48 所示。

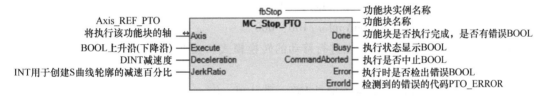

图 2-48　MC_Stop_PTO 功能块

输入引脚【Axis】的数据类型是 Axis_REF_PTO。

输入引脚【Execute】：在上升沿，启动功能块的执行。在下降沿，则在其执行终结时，复位功能块的输出。

输入引脚【Deceleration】：以 Hz/ms 或 ms（根据配置）表示的减速度。

范围（Hz/ms）：1... MaxDecelerationAppl。

范围（ms）：MaxDecelerationAppl... 100, 000。

输入引脚【JerkRatio】：数据类型是 INT，默认值：0。

JerkRatio1：始于恒定速度的用于创建 S 曲线轮廓的减速百分比。

JerkRatio2：达到静止状态之前的用于创建 S 曲线轮廓的减速百分比。

输出引脚【Done】：数据类型是 BOOL，默认值：FALSE。当值为 TRUE 时，代表功能块执行完成，且未检测到任何错误。

输出引脚【Busy】：数据类型是 BOOL，默认值：FALSE。当值是 TRUE 时，代表功能块正在执行中。

输出引脚【CommandAborted】：由于另一个移动命令或检测到错误而中止，功能块执行完成。数据类型是 BOOL，值的范围是 TRUE 或 FALSE。默认值：FALSE。

输出引脚【Error】：数据类型是 BOOL，值的范围是 TRUE 或 FALSE，默认值：FALSE。当值是 TRUE 时，表示检测到错误。功能块执行结束。

输出引脚【ErrorId】：数据类型是 PTO_ERROR，初始值：PTO_ERROR. NoError。当 Error 为 TRUE 时：检测到的错误的代码。

8. MC_Halt_PTO 功能块

MC_Halt_PTO 功能块命令控制的运动停止直到速度等于零，并且功能块完成时速度为零。CFC 编程语言下的功能块如图 2-49 所示。

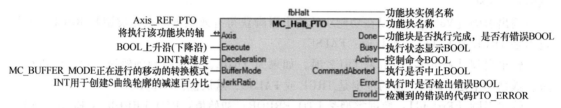

图 2-49　MC_Halt_PTO 功能块

输入引脚【Axis】的数据类型是 Axis_REF_PTO。

输入引脚【Execute】：在上升沿，启动功能块的执行。在下降沿，则在其执行终结时，复位功能块的输出。

输入引脚【Deceleration】：以 Hz/ms 或 ms（根据配置）表示的减速度。

范围（Hz/ms）：1...MaxDecelerationAppl。

范围（ms）：MaxDecelerationAppl...100，000。

输入引脚【BufferMode】：正在进行移动的转换模式。数据类型是 MC_BUFFER_MODE，默认值：mcAborting。

输入引脚【JerkRatio】：数据类型是 INT，默认值：0。

JerkRatio1：始于恒定速度的用于创建 S 曲线轮廓的减速百分比。

JerkRatio2：达到静止状态之前的用于创建 S 曲线轮廓的减速百分比。

输出引脚【Done】：数据类型是 BOOL，默认值：FALSE。当值为 TRUE 时，代表功能块执行完成，且未检测到任何错误。

输入引脚【Busy】：数据类型是 BOOL，默认值：FALSE。当值是 TRUE 时，代表功能块正在执行中。

输入引脚【Active】：该功能块控制着 Axis。数据类型是 BOOL，值的范围是 TRUE 或 FALSE，默认值：FALSE。对于定义的 Active，一次只能有一个功能块将 Axis 设置为 TRUE。

输出引脚【CommandAborted】：由于另一个移动命令或检测到错误而中止，功能块执行完成。数据类型是 BOOL，值的范围是 TRUE 或 FALSE。默认值：FALSE。

输出引脚【Error】：数据类型是 BOOL，值的范围是 TRUE 或 FALSE，默认值：FALSE。当值是 TRUE 时，表示检测到错误。功能块执行结束。

输出引脚【ErrorId】：数据类型是 PTO_ERROR，初始值：PTO_ERROR. NoError。当 Error 为 TRUE 时：检测到的错误的代码。

9. MC_Home_PTO 回归运动功能块

MC_Home_PTO 回归运动功能块在程序中用于命令轴，移动至参考位置。加速/减速的持续时间不得超过 80s。CFC 编程语言下的功能块如图 2-50 所示。

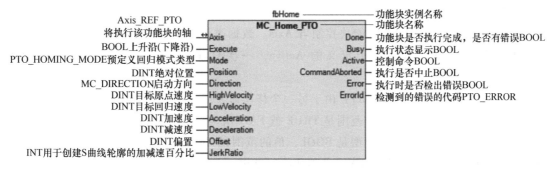

图 2-50　MC_Home_PTO 功能块

输入引脚【Axis】的数据类型是 Axis_REF_PTO。

输入引脚【Execute】：在上升沿，启动功能块的执行。在下降沿，则在其执行终结时，复位功能块的输出。

输入引脚【Mode】：预定义回归模式类型，数据类型：PTO_HOMING_MODE。初始值：mcPositionSetting。

输入引脚【Position】：位置值设置为成功执行回归时进行参考点开关检测的绝对位置。数据类型：DINT，初始值：0。

输入引脚【Direction】：启动方向。对于回归，仅 mcPositiveDirection 和 mcNegativeDirection 有效。数据类型 MC_DIRECTION，初始值：mcPositiveDirection。

输入引脚【HighVelocity】：用于搜索限制或参考开关的目标原点速度。范围（Hz）：1...MaxVelocityAppl。数据类型：DINT，初始值：0。

输入引脚【LowVelocity】：用于搜索参考开关或索引信号的目标回归速度。当检测到开关点时停止运动。范围（Hz）：1...HighVelocity。数据类型：DINT，初始值：0。

输入引脚【Acceleration】：Hz/ms 或 ms（根据配置）表示的加速度。范围（Hz/ms）：1...MaxAccelerationAppl，范围（ms）：MaxAccelerationAppl...100,000。数据类型：DINT，初始值：0。

输入引脚【Deceleration】：以 Hz/ms 或 ms（根据配置）表示的减速度。范围和数据类型同上。

输入引脚【Offset】：从起点开始的距离。达到起点时，运动将继续移动这段距离。方向取决于符号（原点补偿）。范围：-2,147,483,648...2,147,483,647；数据类型：DINT，初始值：0。

输入引脚【JerkRatio】：数据类型是 INT，默认值：0。

➢ JerkRatio1：始于静止状态的用于创建 S 曲线轮廓的加速百分比。

➢ JerkRatio2：达到恒定速度之前的用于创建 S 曲线轮廓的加速百分比。

➢ JerkRatio3：始于恒定速度的用于创建 S 曲线轮廓的减速百分比。

➢ JerkRatio4：达到静止状态之前的用于创建 S 曲线轮廓的减速百分比。

输出引脚【Done】：数据类型是 BOOL，默认值：FALSE。当值为 TRUE 时，代表功能块执行完成，且未检测到任何错误。

输入引脚【Busy】：数据类型是 BOOL，默认值：FALSE。当值是 TRUE 时，代表功能块正在执行中。

输入引脚【Active】：该功能块控制着 Axis。数据类型是 BOOL，值的范围是 TRUE 或 FALSE，默认值：FALSE。对于定义的 Active，一次只能有一个功能块将 Axis 设置为 TRUE。

输出引脚【CommandAborted】：由于另一个移动命令或检测到错误而中止，功能块执行完成。数据类型是 BOOL，值的范围是 TRUE 或 FALSE。默认值：FALSE。

输出引脚【Error】：数据类型是 BOOL，值的范围是 TRUE 或 FALSE，默认值：FALSE。当值是 TRUE 时，表示检测到错误。功能块执行结束。

输出引脚【ErrorId】：数据类型是 PTO_ERROR，初始值：PTO_ERROR. NoError。当 Error 为 TRUE 时：检测到的错误的代码。

10. MC_ReadActualPosition_PTO 状态功能块

MC_ReadActualPosition_PTO 状态功能块在程序中用于获取轴的实际位置。CFC 编程语言下的功能块如图 2-51 所示。

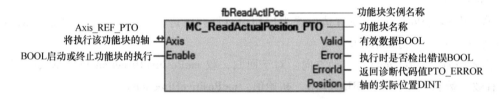

图 2-51　MC_ReadActualPosition_PTO 功能块

输入引脚【Axis】：连接的是将要执行功能块的轴，变量类型是 AXIS_REF_PTO。

输入引脚【Enable】：变量类型是 BOOL，当值为 TRUE 时，执行功能块，可以修改功能块输入值，还可以连续更新输出。当值为 FALSE 时，终止功能块执行并复位其输出。默认值：FALSE。

输出引脚【Valid】：可以在功能块的输出引脚获得有效数据。数据类型是 BOOL，值的范围是 TRUE 或 FALSE，默认值：FALSE。

输出引脚【Error】：当值是 TRUE 时，表示检测到错误。功能块执行结束。数据类型是 BOOL，值的范围是 TRUE 或 FALSE，默认值：FALSE。

输出引脚【ErrorId】：数据类型是 PTO_ERROR，初始值：PTO_ERROR. NoError。当 Error 为 TRUE 时，检测到的错误的代码。

输出引脚【Position】：轴的实际速度（Hz），数据类型是 DINT，默认值：0。

11. MC_ReadStatus_PTO 状态功能块

MC_ReadStatus_PTO 状态功能块在程序中用来获取轴的状态。CFC 编程语言下的功能块如图 2-52 所示。

输入引脚【Axis】：连接的是将要执行功能块的轴，变量类型是 AXIS_REF_PTO。

输入引脚【Enable】：变量类型是 BOOL，当值为 TRUE 时，执行功能块，可以修改功

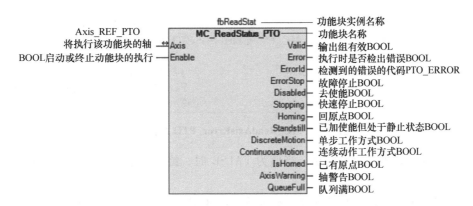

图 2-52　MC_ReadStatus_PTO 功能块

能块输入值，还可以连续更新输出。当值为 FALSE 时，终止功能块执行并复位其输出。默认值：FALSE。

输出引脚【Valid】：输出组有效。变量类型是 BOOL，默认值：FALSE。

输出引脚【Error】：变量类型是 BOOL，默认值：FALSE。如果为 TRUE，表示检测到错误。功能块执行结束。

输出引脚【ErrorId】：变量类型是 PTO_ERROR，默认值：PTO_ERROR. NoError。当 Error 为 TRUE 时：检测到的错误代码。

输出引脚【ErrorStop】：故障停止。变量类型是 BOOL，默认值：FALSE。

输出引脚【Disabled】：去使能。变量类型是 BOOL，默认值：FALSE。

输出引脚【Stopping】：快速停止。变量类型是 BOOL，默认值：FALSE。

输出引脚【Homing】：回原点。变量类型是 BOOL，默认值：FALSE。

输出引脚【Standstill】：已加使能但处于静止状态。变量类型是 BOOL，默认值：FALSE。

输出引脚【DiscreteMotion】：单步工作方式。变量类型是 BOOL，默认值：FALSE。

输出引脚【ContinuousMotion】：连续动作工作方式。变量类型是 BOOL，默认值：FALSE。

输出引脚【IsHomed】：如果为 TRUE，则参考点有效，允许绝对运动，变量类型是 BOOL，默认值：FALSE。

输出引脚【AxisWarning】：如果为 TRUE，则存在关于轴的警告。变量类型是 BOOL，默认值：FALSE。

输出引脚【QueueFull】：如果为 TRUE，则表明运动队列已满，不允许其他移动进入缓冲区。变量类型是 BOOL，默认值：FALSE。

12. MC_ReadAxisError_PTO 错误处理功能块

MC_ReadAxisError_PTO 错误处理功能块在程序中用来获取轴控制错误，能够检索到轴控制错误。如果没有任何轴控制错误未解决，则功能块返回 AxisErrorId = 0。CFC 编程语言下的功能块如图 2-53 所示。

输入引脚【Axis】：连接的是将要执行功能块的轴，变量类型是 AXIS_REF_PTO。

输入引脚【Enable】：变量类型是 BOOL，当值为 TRUE 时，执行功能块，可以修改功

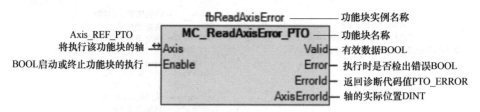

图 2-53 MC_ReadAxisError_PTO 功能块

能块输入值，还可以连续更新输出。当值为 FALSE 时，终止功能块执行并复位其输出。默认值：FALSE。

输出引脚【Valid】：输出组有效。变量类型是 BOOL，默认值：FALSE。

输出引脚【Error】：变量类型是 BOOL，默认值：FALSE。如果为 TRUE，表示检测到错误。功能块执行结束。

输出引脚【ErrorId】：变量类型是 PTO_ERROR，默认值：PTO_ERROR. NoError。当 Error 为 TRUE 时：检测到的错误的代码。

输出引脚【AxisErrorId】：PTO_ERROR 的索引 1000。变量类型是 PTO_ERROR，默认值：PTO_ERROR. NoError。

四、能力训练

（一）操作条件

1. 实验环境的要求：通风良好，温度为 15~35℃，相对湿度为 20%~90%，照度为 200~300lx，无易燃、易爆及腐蚀性气体或液体，无导电性粉尘和杂物。

2. 实验室的要求：应有安全用具、防护用具和消防器材等。

3. 实验台的要求：实验台与电气系统设计相一致，电控柜接地良好，电机绝缘良好，设备元器件齐全，无脱线现象。实验台稳固，台面清洁。

4. 工具和仪器仪表的要求：符合装备和调试的常用工具和仪器仪表。定期检查、清洁以保证其性能良好。

5. 操作计算机的要求：操作系统安装完成后，并具有管理员权限，PC 网口或 USB 端口能够正常工作，PC 能够连接 Internet。

（二）安全及注意事项

1. 实验台设备应符合 IEC 61508-2—2010 标准，即符合电气/电子/可编程电子安全相关系统的要求。实验人员必须严格执行国家的安全作业规定。

2. 操作人员必须具备必要的电工知识，熟悉供电系统和各种电气设备的性能和操作方法，还应具备在异常情况下采取相应措施的处理能力。

3. 实验期间禁止乱放、乱拉和乱接电线电缆。

4. 在进行供电与停电操作及相关的电气实验操作时，必须穿戴合格的绝缘手套和绝缘鞋，必须按照正确的顺序进行操作。

5. 接线作业完成后，经实验室教师复核同意后方可进行通电，或电气实验操作；实验操作分为两组人员，一组做实验，另一组进行安全监控，实验的所有进程都应有教师的监督和指导。

6. 实验结束后，恢复实验设备至初始状态，清理台面并将工具和仪器仪表归位。

（三）操作过程

序号	步骤	操作方法及说明	质量标准
1	说明 M241PLC 编程时使用的 GIPLC.MC_Power 功能块在程序中的作用	掌握 MC_Power 功能块是 M241PLC 单轴初始化的功能块，在程序中调用 GIPLC.MC_Power 功能块，完成伺服上的使能，是后面轴运动功能块动作的基础和前提	知道在 M241PLC 编程时，调用 GIPLC.MC_Power 功能块去完成伺服的使能
2	GIPLC.MC_Halt 功能块和 GIPLC.MC_Stop 功能块的区别	掌握 GIPLC.MC_Halt 是暂停功能块，GIPLC.MC_Stop 功能块可以命令驱动器快速停止运动。在程序中调用 MC_Stop，能够实现伺服轴的急停或模式切换时的快速停车	能够明确 GIPLC.MC_Halt 是暂停功能块，GIPLC.MC_Stop 功能块可以命令驱动器快速停止运动
3	MC_ReadActualPosition_PTO 在程序中的作用	掌握程序中 MC_ReadActualPosition_PTO 是用于获取轴的实际位置	能够明确 MC_ReadActualPosition_PTO 在程序中是用于获取轴的实际位置
4	回归运动功能块 MC_Home_PTO 在程序中的作用	掌握回归运动功能块 MC_Home_PTO 在程序中用于命令轴，移动至参考位置	编程时，将命令轴移动至参考位置时，会使用回归运动功能块 MC_Home_PTO
5	回归运动功能块 MC_Home_PTO 输入引脚【Execute】上升沿的作用	回归运动功能块 MC_Home_PTO 在程序中用于命令轴，移动至参考位置。输入引脚【Execute】：在上升沿，启动功能块的执行	编程时，启动功能块的执行时给到输入引脚【Execute】的是上升沿

问题情境：

在 TM241 中，通过 PTO 脉冲和 CANopen 通信方式控制 LXM32M 伺服驱动器和 LXM28A 伺服驱动器。使用的库是否相同？

控制方式的不同使用的库也不同。使用 CANopen 控制 LXM28A 伺服驱动器和 LXM32M 伺服驱动器时所使用的库文件，属于施耐德电气提供库文件下面的设备库 Lexium28 库和 GIPLC 和 GILXM 库。使用 PTO 控制伺服时，使用的是相同的 PTO 库。

（四）学习结果评价

序号	评价内容	评价标准	评价结果
1	能说明 GIPLC 中 MC_Power 的作用	掌握 MC_Power 功能块用于伺服的使能	
2	能说明状态功能块 MC_ReadActualPosition_PTO 在程序中用于获取轴的什么位置	掌握状态功能块 MC_ReadActualPosition_PTO 在程序中用于获取轴的实际位置	

五、课后作业

（一）从功能块 MC_MoveAbsolute 能够实现伺服轴的位置移动；

（二）MC_Halt 是的功能块，可以停止进行中的运动。

职业能力 2.2.2　熟练操作 M241 对应的伺服库

一、核心概念

（一）CANopen 通信项目中用于 LXM32M 伺服驱动器的库文件说明

当使用 CANopen 通信控制 LXM32M 伺服驱动器或 LXM28A 伺服驱动器时，两个伺服驱动器使用的库文件也不相同。LXM32M 伺服驱动器使用的 GIPLC 和 GILXM 中 LXM32 有关的库文件。

（二）ESME 软件的功能块引脚定义

ESME 软件中的伺服库的功能块的引脚功能如图 2-54 所示。

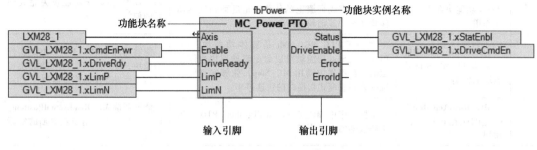

图 2-54　功能块的引脚功能

二、学习目标

（一）学会库中的功能块的调用。

（二）学会功能块引脚变量的连接。

三、基本知识

（一）GIPLC 功能块库

在项目中添加完 CAN 总线，单击【工具树】→【Application...】可以看到新添加到 CAN 总线，双击【库管理器】可以看到新添加的 GMC Independent PLC Open MC 功能块库了，如图 2-55 所示。

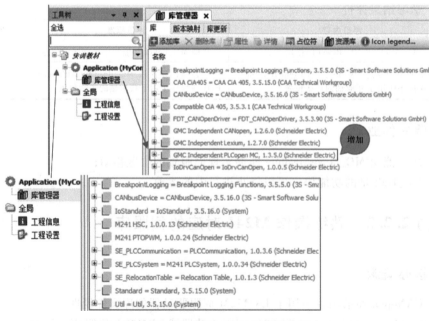

图 2-55　新增加的 GIPLC 功能块库

（二）添加空的运算块

打开职业能力 2.1.3 小节中组态过的 CAN 总线的【实训教材】项目，在 FBD 编程语言下添加空的运算块，单击【工具箱】下的【运算块】拖拽至【从这里开始】，如图 2-56 所示。

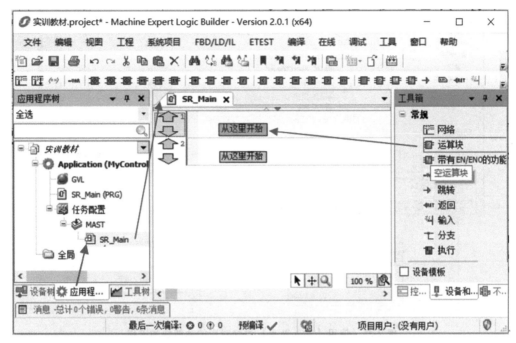

图 2-56　添加空的运算块的过程

添加空的运算块完成后，如图 2-57 所示。

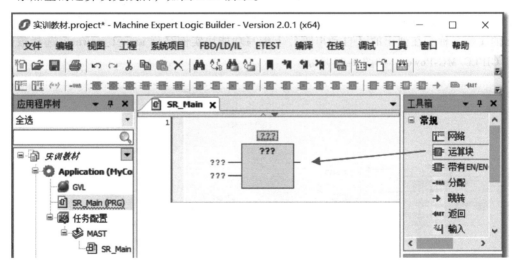

图 2-57　添加空的运算块完成后的图示

（三）【输入助手】的使用方法

编程时无论是使用 FBD 还是 CFC 的编程语言编程，更改空的运算块为响应的功能块时，无论是 GIPLC 库或 PTO 库下的功能块，都可以单击空的运算块中的名称处的【？？？】，单击边上的矩形□，弹出【输入助手】进行设置，GIPLC 库中功能块的操作时，依次单击类别下的【功能块】→【PLCopen MC Function Blocks】→【MC_Home】→【确定】完成输入并关闭【输入助手】，操作如图 2-58 所示。

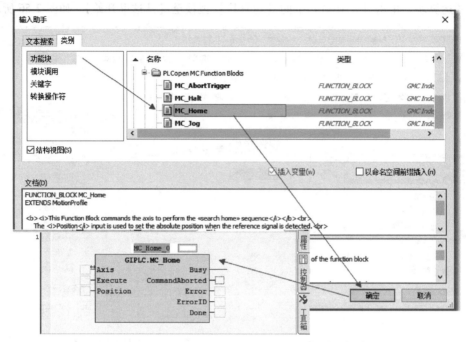

图 2-58　使用【输入助手】添加对应的功能块的流程

（四）声明功能块的实例名称

一个伺服运动功能块创建完成后，还要对这个功能块进行功能块的实例名称进行声明，各个引脚的变量进行链接，这里以 MC_Power 功能块为例，首先单击功能块上方的软件自动给出的实例名称，在弹出的【自动声明】上编写功能块实例名称 axis_1_power，选择数据类型是 GIPLC. MC-Power，如图 2-59 所示。

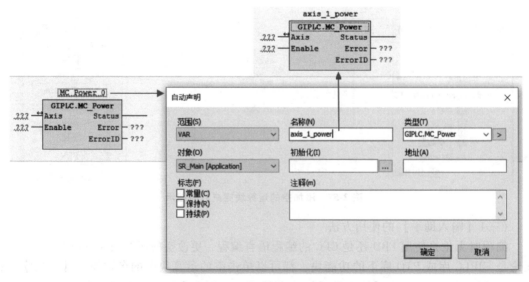

图 2-59　声明功能块的实例名称

（五）功能块引脚的变量连接

对 GIPLC.MC_Power 功能块引脚进行变量链接，为输入引脚【Axis】添加要驱动的轴，首先复制伺服控制轴的名称，连续两次单击【设备树】中 CAN 总线下的第一个伺服轴【Lexiun_32_A（Lexium32A）】，第二次单击后可以修改轴的名称并进行复制【Lexium_32_A】，如图 2-60 所示。

单击引脚【Axis】的编辑框???，输入【Lexium】后，在弹出的【自动声明】中，声明这个变量的类型为 Axis_Ref，名称是伺服系统中的第一台 32A 伺服 Lexium_32_A，过程如图 2-60 所示。

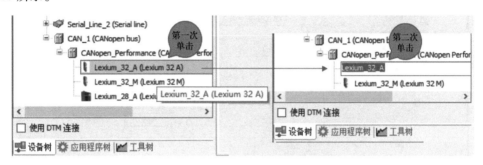

图 2-60　复制伺服控制轴的名称

单击功能块的 Axis 引脚的???，粘贴上面复制的伺服轴名称 Lexium_32_A，这样，MC_Power 块连接的伺服轴就是第一台 LXM32A 伺服驱动器了，如图 2-61 所示。

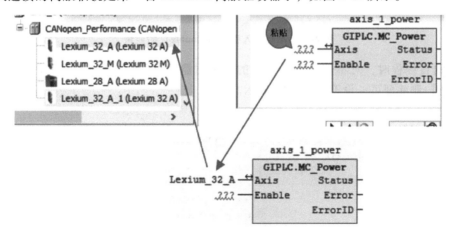

图 2-61　关联伺服轴

同样的方法对伺服系统中第二台 LXM32A 伺服驱动器的引脚【Axis】的输入完成后，如图 2-62 所示。

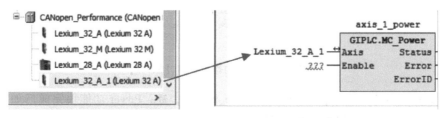

图 2-62　第二台 LXM32A 伺服驱动器引脚【Axis】的输入

然后为 MC_Power 功能块的输入引脚【Enable】声明一个变量，单击【???】，在【自动声明】中设置变量的名称，并选择数据类型，操作过程如图 2-63 所示。

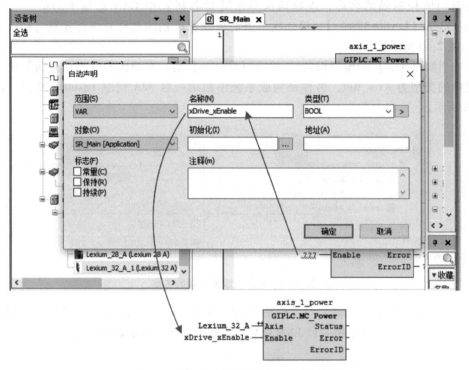

图 2-63　声明输入引脚【Enable】的变量

FBD 语言编程时，对不使用的功能块的引脚时删除即可，以输出引脚【Error】为例，单击【???】删除即可，设置如图 2-64 所示。

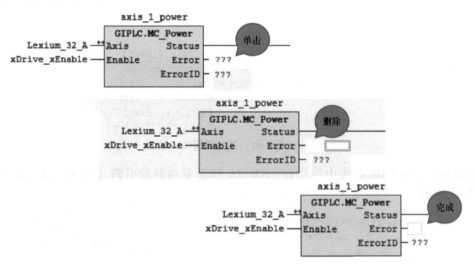

图 2-64　不使用的输出引脚【Error】

设置输出引脚【ErrorID】的变量为 iDrive_xErrID，MC_Power 功能块完成后如图 2-65 所示。执行 MC_Power 功能块的轴是 LXM32A 伺服驱动器。

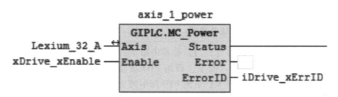

图 2-65　轴 1 的 MC_Power 功能块

四、能力训练

（一）操作条件

1. 实验环境的要求：通风良好，温度为 15~35℃，相对湿度为 20%~90%，照度为 200~300lx，无易燃、易爆及腐蚀性气体或液体，无导电性粉尘和杂物。

2. 实验室的要求：应有安全用具、防护用具和消防器材等。

3. 实验台的要求：实验台与电气系统设计相一致，电控柜接地良好，电机绝缘良好，设备元器件齐全，无脱线现象。实验台稳固，台面清洁。

4. 工具和仪器仪表的要求：符合装备和调试的常用工具和仪器仪表。定期检查、清洁以保证其性能良好。

5. 操作计算机的要求：操作系统安装完成后，并具有管理员权限，PC 网口或 USB 端口能够正常工作，PC 能够连接 Internet。

（二）安全及注意事项

1. 实验台设备应符合 IEC 61508-2—2010 标准，即符合电气/电子/可编程电子安全相关系统的要求。实验人员必须严格执行国家的安全作业规定。

2. 操作人员必须具备必要的电工知识，熟悉供电系统和各种电气设备的性能和操作方法，还应具备在异常情况下采取相应措施的处理能力。

3. 实验期间禁止乱放、乱拉和乱接电线电缆。

4. 在进行供电与停电操作及相关的电气实验操作时，必须穿戴合格的绝缘手套和绝缘鞋，必须按照正确的顺序进行操作。

5. 接线作业完成后，经实验室教师复核同意后方可进行通电，或电气实验操作；实验操作分为两组人员，一组做实验，另一组进行安全监控，实验的所有进程都应有教师的监督和指导。

6. 实验结束后，恢复实验设备至初始状态，清理台面并将工具和仪器仪表归位。

（三）操作过程

序号	步骤	操作方法及说明	质量标准
1	在 CFC 编程语言的项目中，添加空的运算块	掌握单击【工具箱】下的【运算块】拖拽至【从这里开始】的方法，并使用输入助手对功能块进行调用，从工具箱添加空的运算块的操作如下图	完成调用空的运算块后，CFC 编辑区的显示如下图

（续）

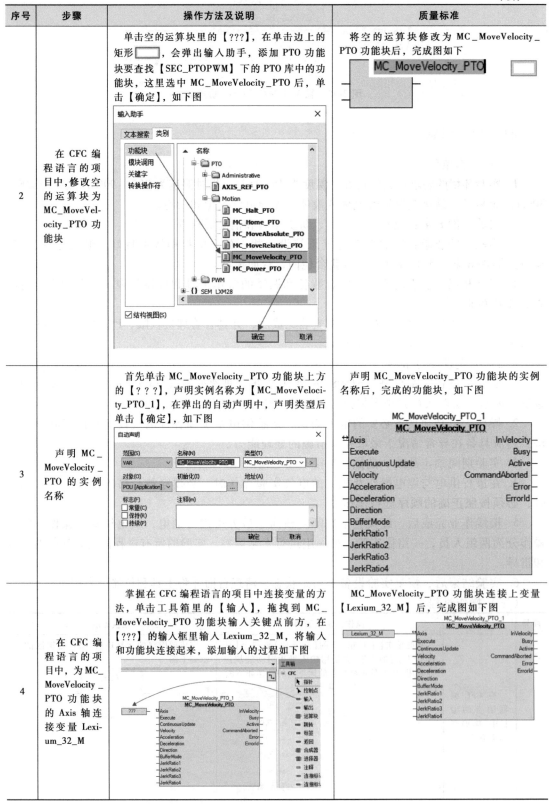

序号	步骤	操作方法及说明	质量标准
2	在 CFC 编程语言的项目中，修改空的运算块为 MC_MoveVelocity_PTO 功能块	单击空的运算块里的【???】，在单击边上的矩形□，会弹出输入助手，添加 PTO 功能块要查找【SEC_PTOPWM】下的 PTO 库中的功能块，这里选中 MC_MoveVelocity_PTO 后，单击【确定】，如下图	将空的运算块修改为 MC_MoveVelocity_PTO 功能块后，完成图如下
3	声明 MC_MoveVelocity_PTO 的实例名称	首先单击 MC_MoveVelocity_PTO 功能块上方的【???】，声明实例名称为【MC_MoveVelocity_PTO_1】，在弹出的自动声明中，声明类型后单击【确定】，如下图	声明 MC_MoveVelocity_PTO 功能块的实例名称后，完成的功能块，如下图
4	在 CFC 编程语言的项目中，为 MC_MoveVelocity_PTO 功能块的 Axis 轴连接变量 Lexium_32_M	掌握在 CFC 编程语言的项目中连接变量的方法，单击工具箱里的【输入】，拖拽到 MC_MoveVelocity_PTO 功能块输入关键点前方，在【???】的输入框里输入 Lexium_32_M，将输入和功能块连接起来，添加输入的过程如下图	MC_MoveVelocity_PTO 功能块连接上变量【Lexium_32_M】后，完成图如下

问题情境：

使用 PTO 控制伺服 LXM32M 伺服驱动器或 LXM28A 伺服驱动器时，编程时使用的库文件都是同样的 TM241PTO 中的库，并且 PLC 的配置也基本相同，脉冲接线方式和伺服内的参数是不是也相同？

脉冲接线方式和伺服内的参数不是相同的。

（四）学习结果评价

序号	评价内容	评价标准	评价结果
1	在 CFC 程序中，添加功能 MC_MoveVelocity	完成添加后，在 CFC 程序中可以看到新添加的 MC_MoveVelocity 功能块	
2	在 FBD 程序中，添加功能块运动功能块 MC_MoveRelative_PTO	完成添加后，在 CFC 程序中可以看到新添加的 MC_MoveRelative_PTO	

五、课后作业

（一）当使用 CANopen 通信控制 LXM32M 伺服驱动器或 LXM28A 伺服驱动器时，两个伺服使用的也不相同。

（二）使用 PTO 控制伺服 LXM32M 伺服驱动器或 LXM28A 伺服驱动器时，脉冲接线方式和伺服内的是不同的。

第3章

PTO脉冲控制伺服系统的典型应用

工作任务 3.1　PTO 脉冲控制的基础功能实现

职业能力 3.1.1　新建项目实现 LXM32M 伺服驱动器 PTO 控制的使能和故障处理功能

一、核心概念

（一）脉冲串输出（PTO）

PTO（Pulse Train Output，脉冲串输出），其含义是 PLC 的快速输出点根据位置、速度、加速度和加加速度的要求，发送 50% 占空比的方波脉冲信号，伺服驱动器或者步进驱动器接收这个方波脉冲信号来实现运动控制，因为 PTO 控制时，伺服并不将实际位置的信号反馈给 PLC，所以 PTO 本质上是开环控制。

TM241 的 PTO 功能最多可以控制 4 个独立的步进驱动器或伺服驱动器，实现伺服轴的定位或速度应用。

（二）PTO 功能块的种类

有 9 种类型的 PTO 功能块，即

电源类：MC_Power_PTO；

离散量：MC_MoveAbsolute_PTO、MC_MoveRelative_PTO、MC_Halt_PTO、MC_SetPosition_PTO；

连续类：MC_MoveVelocity_PTO；

回归类：MC_Home_PTO；

停止类：MC_Stop_PTO；

状态类：MC_ReadActualVelocity_PTO、MC_ReadActualPosition_PTO、MC_ReadStatus_PTO；

MC_ReadMotionState_PTO；

参数类：MC_ReadParameter_PTO、MC_WriteParameter_PTO、MC_ReadBoolParameter_PTO、MC_WriteBoolParameter_PTO。

探测器类：MC_TouchProbe_PTO、MC_AbortTrigger_PTO；

错误处理类：MC_ReadAxisError_PTO、MC_Reset_PTO。

二、学习目标

（一）学会使能时用到功能块的功能和调用。

（二）学会故障时用到功能块的功能和调用。

（三）学会 PLC 的运行操作方法。

三、基本知识

（一）用 SoMove 调试软件设置 LXM32M 伺服驱动器的参数

使用 SoMove 软件设置 LXM32M 伺服驱动器的工作模式是脉冲模式，LXM32M 伺服驱动器的脉冲信号设为命令加方向。

1. 设置逻辑输入点的功能

设置 DI1 为故障复位功能，参数设置为【FaultReset】，DI2 为使能，在参数设置为【启用】，其余逻辑输入点的功能设为【Free Available】。

2. 设置逻辑输出点的功能

将逻辑输出 DO0 设置为无故障【NoFault】，DO1 为使能已激活【启用】。

逻辑输入输出设置完成后，将参数保存到 EEPROM 中。

（二）组建单轴 LXM32M PTO 的使能和故障处理功能的项目

在伺服控制项目中，参照 2.1.2 和 2.1.3 中的方法创建名称为【M241+LXM32M 控制系统的使能和故障处理功能】的新项目，编程语言为 CFC。

PLC 选择 TM241CEC24T，在 IO_Bus 下添加 TM3 模块，包括逻辑输出模块 TM3DQ16R、安全模块 TM3SAC5R、TM3 总线发送模块 TM3XTRA1、TM3 总线接收模块 TM3REC1、逻辑输入模块 TM3DI16、逻辑输出模块 TM3DQ16R，完成后设备树中的扩展模块如图 3-1 所示。

（三）A01_Safety 动作

单击【应用程序树】，右键【SR_Main（PRG）】，单击【添加对象】→【动作】，创建名称为【A01_Safety】的新动作，如图 3-2 所示。

在【A01_Safety】中添加 TM3_Safety 功能块，拖入空的功能块后，使用功能块的【输入助手】来声明功能块，安装 TM3 的安全模块 TM3SAC5R，可以在【文本搜索】的输入栏中输入 TM3 进行功能块的输入，如图 3-3 所示，名称声明为【GVL.fbSafety】。

在 ESME 软件中编辑程序，安全模块启动输出继电器得电后再延时 2s，延时到达后，再让 TM3 安全模块启用变量 xEnable_2 变为真，这样安全模块才能正常工作，程序如图 3-4 所示。

程序调用 TM3_Safety 功能块进行管理，TM3_Safety 功能块的 iTM3_Sax 引脚配置为 Module_2，全局变量 GVL. xRstSafeModuleEStop 用于复位安全模块，为真时禁止模块，输出停用，并将内部联锁复位，如图 3-5 所示。

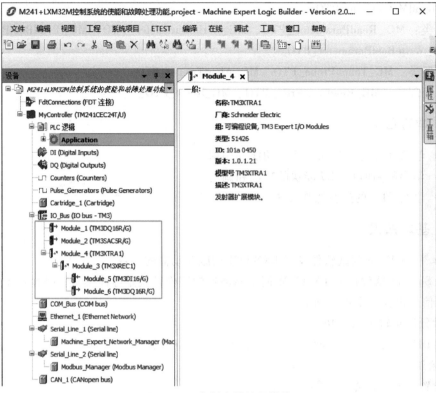

图 3-1 设备树中的扩展模块

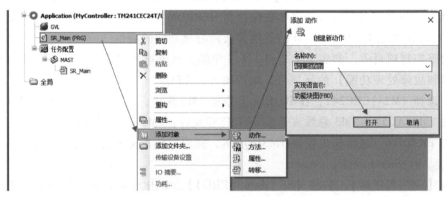

图 3-2 添加动作的流程

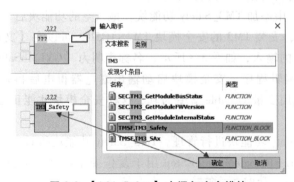

图 3-3 【A01_Safety】中添加安全模块

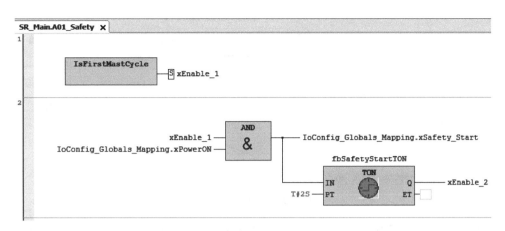

图 3-4　安全模块 Safety 的程序

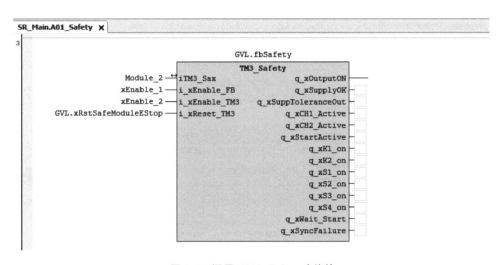

图 3-5　调用 TM3_Safety 功能块

TM3 安全模块正常工作后，q_xK1_on 和 q_xK2_on 同时输出高电平后，第二个扩展模块的最后一个逻辑输出设为 ON，如图 3-6 所示。

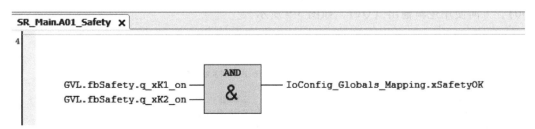

图 3-6　安全模块正常工作后输出

（四）PTO 功能的应用设置

在项目中，双击【设备树】→【Pulse_Generators】，在【脉冲发生功能】→【值】中选择【PTO】就为项目程序添加了 PTO 功能了，如图 3-7 所示。

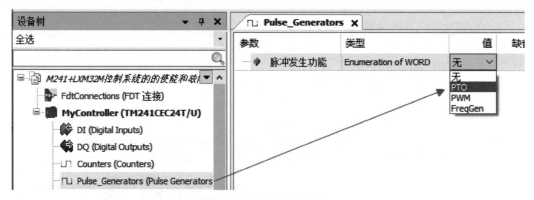

图 3-7　添加 PTO 功能

PTO 添加后，在【常规】下 PTO 的【实例名称】的【值】中将默认值为【PTO_0】改为【LXM32M】，操作如图 3-8 所示。

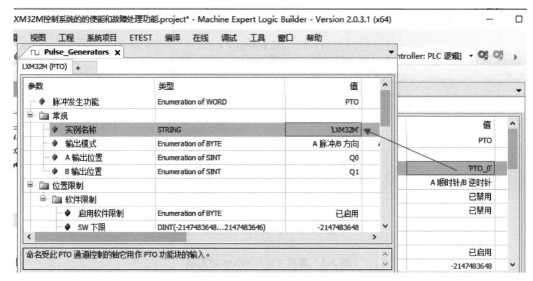

图 3-8　修改 PTO 的名称

配置 PTO 的其他常规功能，脉冲输出模式为【A 脉冲/B 方向】，脉冲 A 使用逻辑输出【Q0】，方向使用逻辑输出【Q1】，如图 3-9 所示。

	类型	值	缺省值	说明
脉冲发生功能	Enumeration of WORD	PTO	无	选择脉冲发生应用
常规				
◆ 实例名称	STRING	'LXM32M'	''	命名受此 PTO 通道控制的轴它用作 PTO 功能块的输入。
◆ 输出模式	Enumeration of BYTE	A 脉冲/B 方向	A 顺时针/B 逆时针	选择脉冲输出模式
◆ A 输出位置	Enumeration of SINT	Q0	已禁用	选择用于 A 信号的 PLC 输出
◆ B 输出位置	Enumeration of SINT	Q1	已禁用	选择用于 B 信号的 PLC 输出

图 3-9　声明 PTO 的实例名称

配置 PTO 的回归（回原点）功能，原点开关接入逻辑输入点 I0，探针 PROBE 接入逻辑输入点 I5，配置 PTO 的回归功能如图 3-10 所示。

图 3-10　配置 PTO 的回归功能

（五）GVL 变量

在 ESME 软件的【应用程序树】下，单击【Application】→GVL，创建全局变量，变量如图 3-11 所示。

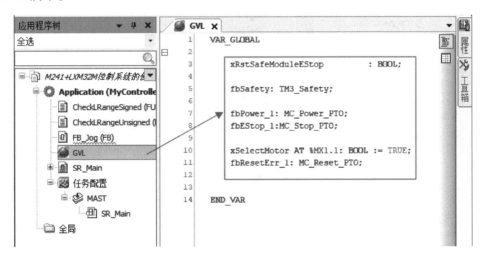

图 3-11　GVL 全局变量

（六）M241 本体的输入和输出变量

在 ESME 软件的【设备】下，单击【DI】，创建 M241 本体的输入变量，完成的 DI 变量表如图 3-12 所示。

在 ESME 软件的【设备】下，单击【DQ】，创建 M241 本体的输出变量，完成的 DQ 变量表如图 3-13 所示。

（七）TM3 扩展模块的变量

M241 的 TM3 扩展系统的第 1 个扩展模块 Module_1 的变量在 ESME 软件的【设备】→【IO_Bus】下进行声明，如图 3-14 所示。

M241 的 TM3 扩展系统的 Module_5 的变量在 ESME 软件的【设备】→【IO_Bus】下进行声明，如图 3-15 所示。

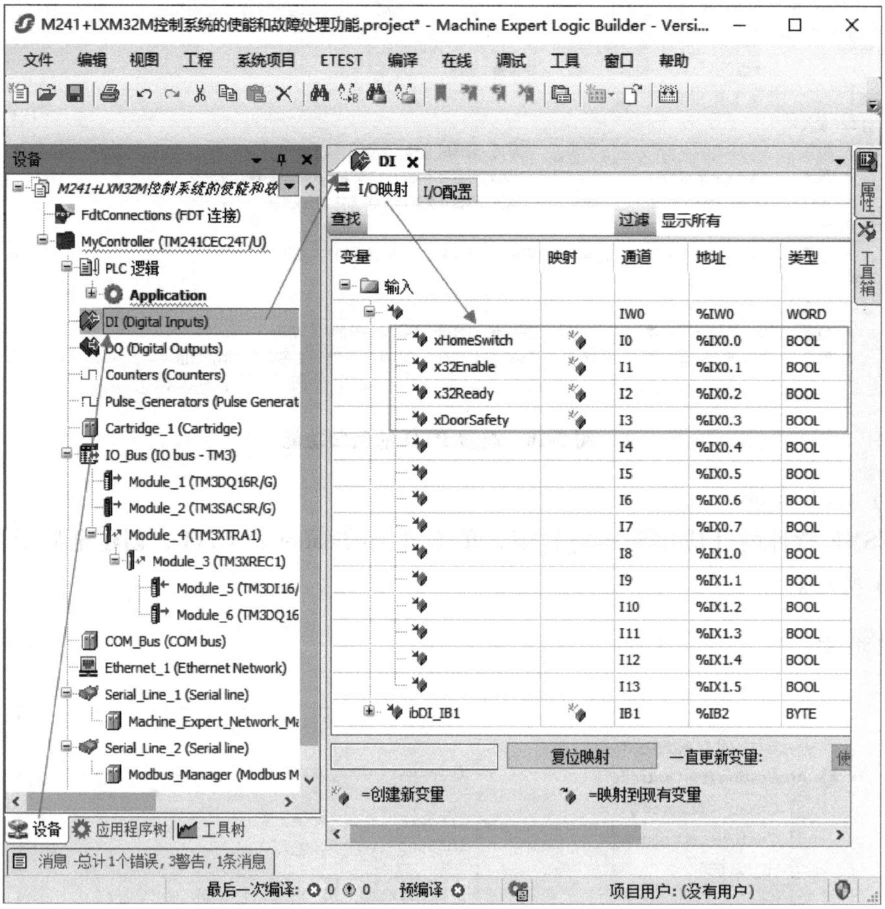

图 3-12 DI 变量表

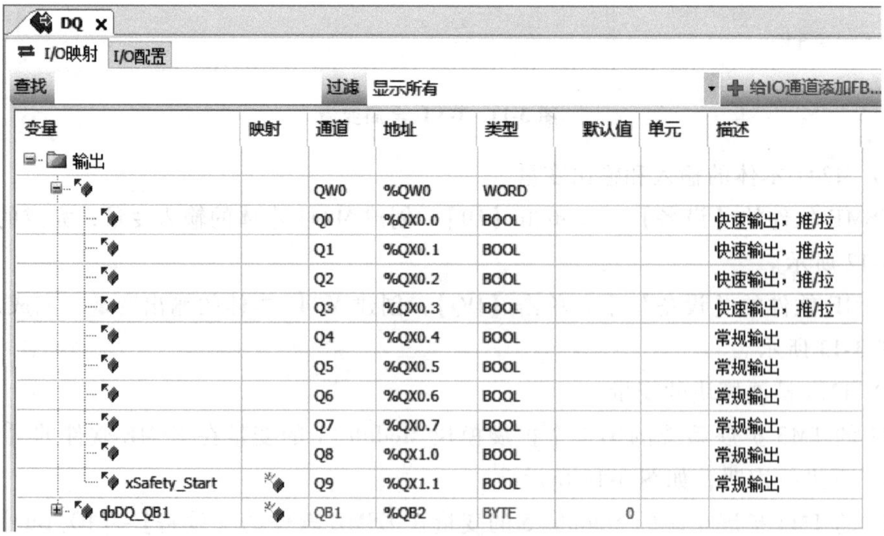

图 3-13 DQ 变量表

图 3-14　Module_1 中的变量声明

图 3-15　Module_5 中的变量声明

M241 扩展系统的第二个扩展模块 Module_6 的变量声明，如图 3-16 所示。

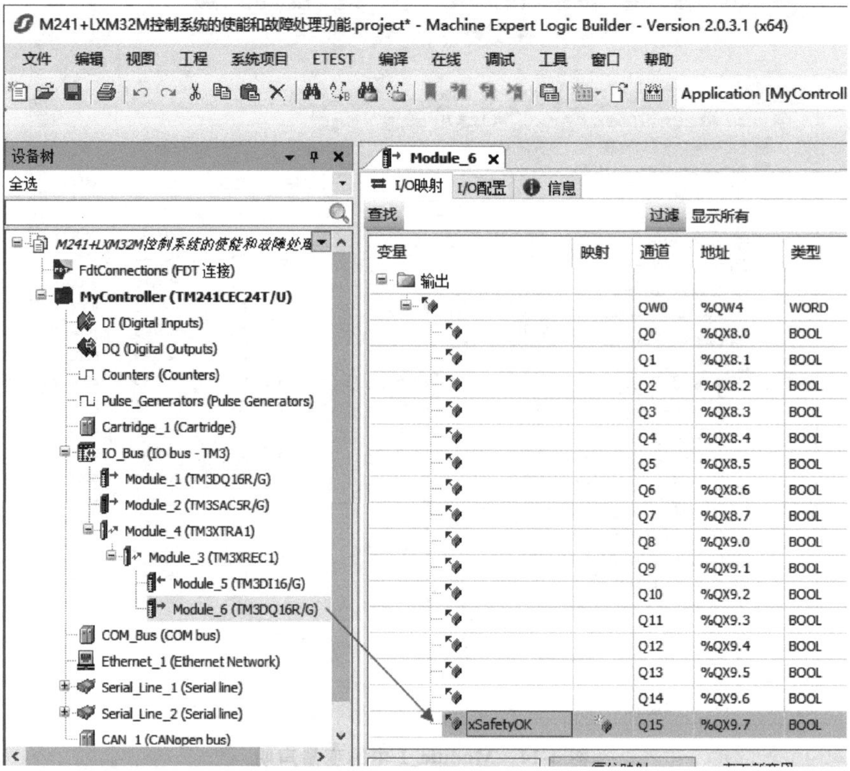

图 3-16　Module_6 中的变量声明

（八）A02_Enable 使能动作

在程序中调用 MC_Power_PTO 功能块可以完成伺服的使能，使能是执行 PTO 位置、速度、回原点等功能块时的前提。

首先参照 2.1.2 中的内容创建使能 ACT 功能块，名称为【A02_Enable】，编程语言为 CFC，在 A02 动作中调用 MC_Power_PTO 功能块，首先在工具箱的 CFC 下拖拽空的运算块到 A02 中，单击功能块???，在【输入助手】界面中选择 MC_Power_PTO 功能块后，单击【确定】按钮。

声明使能功能块 MC_Power_PTO 的实例名称为全局变量 GVL.fbPower_1，将此功能块的 Axis 引脚连接到 LXM32M，方法是单击【设备树】→【Pulse_Generators】，复制当前这路 PTO 的名称 LXM32M，单击【应用工程树】→【A02_Enable】的 Axis 引脚并回车→粘贴，这样就为模块添加了对应的 PTO 功能了，流程如图 3-17 所示。

双单击 MC_Power_PTO 功能块的 Enable 引脚并回车，单击【输入助手】→【类别】→【变量】→【IoConfig_Globals_Mapping】→【x32AEnable】→【确定】，为引脚 Enable 添加 TM3 的输入 IO 的端子变量，输入助手的设置如图 3-18 所示。

同样的方法为 MC_Power_PTO 功能块连接其他输入引脚的变量，LXM32M 伺服驱动器准备好的信号连接到引脚 DriveReady 上，正限位信号和负限位信号接到伺服驱动器上，因此使能功能块的正负限位引脚都接 True 信号，Status 引脚连接的是给 LXM32M 伺服驱动器加使能的逻辑输出，伺服接到此信号后，上使能，程序如图 3-19 所示。

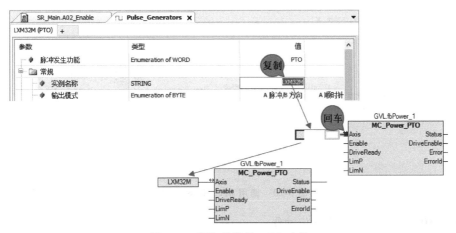

图 3-17　添加模块的 PTO 功能

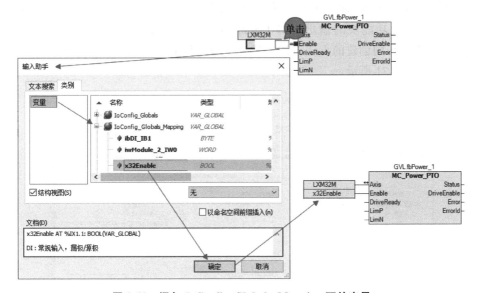

图 3-18　添加 IoConfig_Globals_Mapping 下的变量

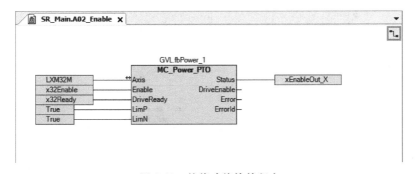

图 3-19　使能功能块的程序

外部的硬件限位接入 PLC 时，正、负限位逻辑输入映射的变量，设置到功能块的正限位 LimP 和负限位 LimN 输入引脚上。程序中调用 MC_Stop_PTO 功能块停止当前的运动，程序如图 3-20 所示。

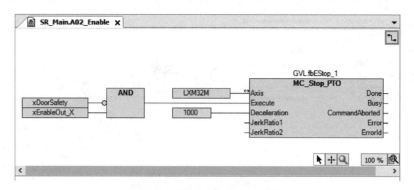

图 3-20 调用 MC_Stop 功能块

（九）A03_faultReset 故障复位动作

在伺服控制项目中，调用 MC_Reset_PTO 故障复位功能块来复位可能碰到的功能块运行错误。同时调用 MC_ReadAxisError_PTO 来读取伺服轴功能块的故障码，调用 MC_ReadStatus_PTO 读取轴状态，此功能块的输出引脚 ErrorStop 用来显示伺服轴功能块的故障，与 A02_Enable 使能 ACT 动作的创建的方法一样，编程语言选择 FBD，创建 A03_faultReset 故障复位动作，其程序如图 3-21 所示。

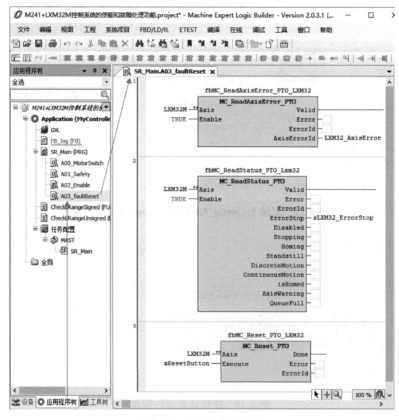

图 3-21 故障复位功能块

（十）A00 动作

创建 A00 动作用于柜内电机和柜外电机切换，A00 动作中的程序编制如图 3-22 所示。

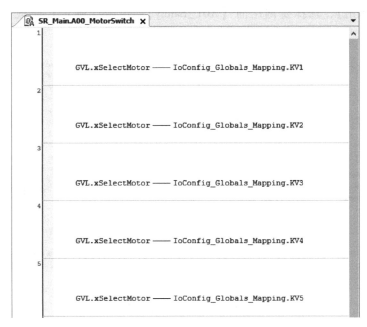

图 3-22　柜内和柜外电机切换程序 1

柜内和柜外电机切换程序 2，如图 3-23 所示。

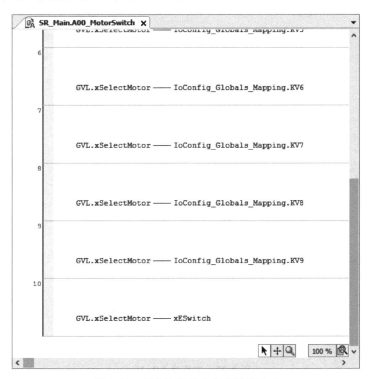

图 3-23　柜内和柜外电机切换程序 2

（十一）主程序中调用 ACT 动作

在【SR_Main（PRG）】中，插入空的运算块来调用 ACT 动作，方法是在【输入助手】

中单击【模块调用】，选择要调用的【A01_Safety】，单击【确定】完成调用，如图 3-24 所示。

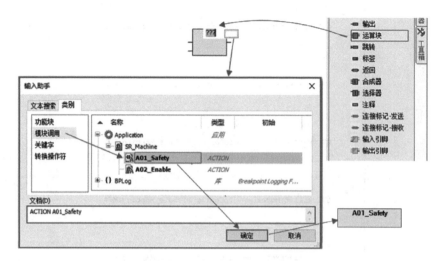

图 3-24 调用 A01_Safety 的操作

同样的方法调用 A00、A02 和 A03 动作，然后在任务下方的 SR_Main 中就可以看到调用的功能块了，调用完成后，在所调用的模块上方添加注释，尤其是复杂的大型项目，结构会更加清晰，如图 3-25 所示。

图 3-25 主程序 SR_Main

（十二）存盘、编译和登录

调用完成后，存盘并编译，查看消息栏，修改错误，重新编译直到没有错误消息后单击【登录】快捷图标进行登录后下载，登录操作如图 3-26 所示。

图 3-26 登录

（十三）下载

在本任务中使用以太网的方式下载程序。首先，将网线连接 PC 的以太网口和 PLC 的以太网口。单击【设备树】，双击【MyController】，然后单击刷新，可以看到扫描到了 TM241 的 PLC，如图 3-27 所示。

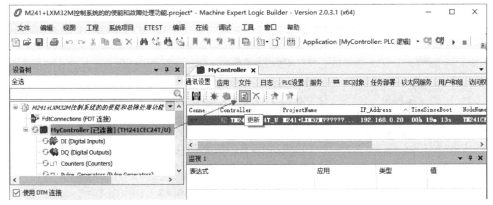

图 3-27 查找 PLC 的界面

单击计算机的无线网络，在弹出的网络连接显示中，单击【网络和 Internet】修改 PC 的【以太网】设置，选择以太网下的【更改适配器选项】，如图 3-28 所示。

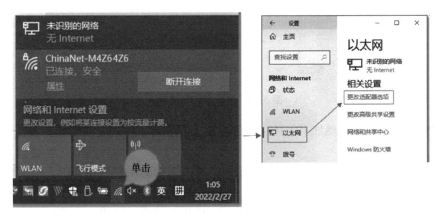

图 3-28 Win10 的以太网设置

双击网络连接中的【以太网】，如图 3-29 所示。

图 3-29　进入以太网配置

在弹出的以太网状态对话框中选择【属性】→【Internet 协议版本 4（TCP/IPv4）】，再单击【属性】按钮，如图 3-30 所示。

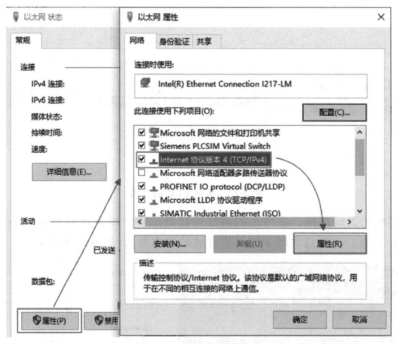

图 3-30　进入 TCP/IPv4

设置 PC（机）的【IP 地址 192.168.100.180】，【子网掩码 255.255.255.0】，如图 3-31 所示。

（十四）PLC 运行

下载程序时，如果开启了用户权限管理，需输入正确的用户名和密码，请参考 2.1.3 中有关的内容，程序下载成功后，按 F5 或者单击三角图标运行 PLC，运行后可以看到 PLC 由停止状态转换为运行状态了，停止时可以单击工具栏上的停止按钮，流程如图 3-32 所示。

图 3-31　设置本机的 IP 地址

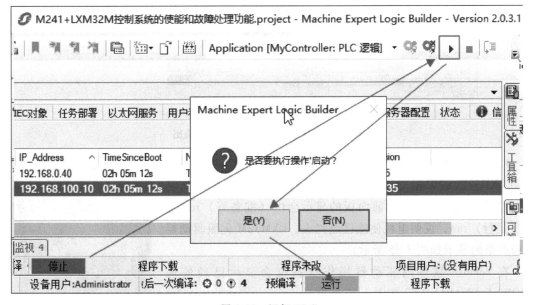

图 3-32　运行 PLC

编译下载后，运行 PLC，程序运行结果如图 3-33 所示。

如果 LXM32M 伺服驱动器的前面板显示 rdy（准备好），MC_Power_PTO 功能块运行时的【Status】引脚的变量输出变为真，如图 3-34 所示。

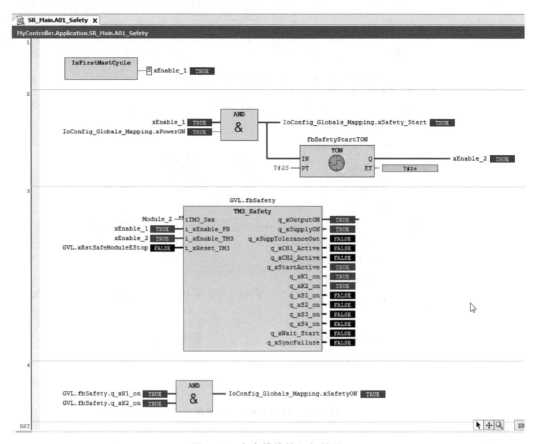

图 3-33　安全模块的运行结果

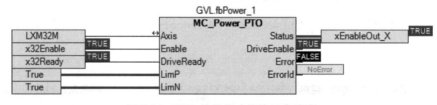

图 3-34　PTO 的使能功能块正常输出

LXM32M 伺服驱动器伺服电机运行时会听到电流声，用手转动 LXM32M 伺服驱动器伺服电机的轴，会明显地感觉到阻力，LXM32 伺服驱动器的前面板的显示会由（准备好）rdy 变为（运行）run，说明电机使能已经完成，LXM32M 伺服驱动器的前面板的显示如图 3-35 所示。

在 SoMove 软件的驱动器操作状态也会显示已经使能【POWER ENABLED】，如图 3-36 所示。

如果 MC_Power_PTO 功能块出错，功能块 Error 位变为真，将 TM241 的扩展模块 Module5 的第一个开关断开再接通，可以复位功能块的错误。

如果碰到 LXM32M 伺服驱动器出现故障，可以通过 SoMove

图 3-35　伺服使能后面板
显示变为【run】

软件的故障寄存器【Error memory】来查询历史故障代码，其中最新的故障【Last Error】是最近的一次故障，如图 3-37 所示。

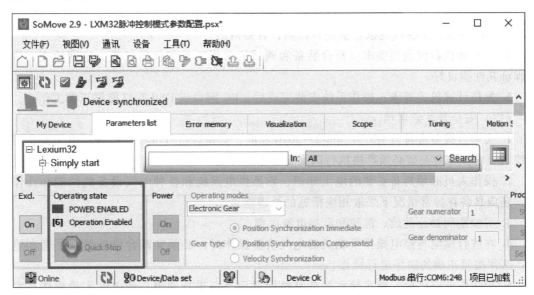

图 3-36　伺服使能在 SoMove 软件中的显示位置

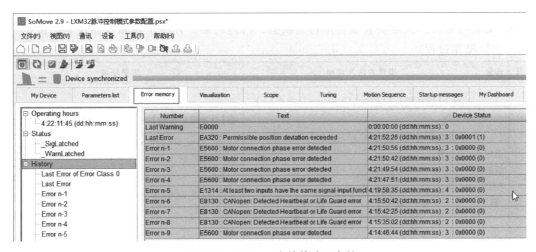

图 3-37　SoMove 中的故障码存储

在 LXM32M 伺服驱动器的手册中故障原因找到并解决后，这时可以把 LXM32M 伺服驱动器逻辑输入连接的 ABE3 的第一通道开关（故障复位端子）断开再接通来清除伺服的故障。

如果碰到比较严重的伺服故障，故障复位开关不能复位的情况，可以将 LXM32M 伺服驱动器的控制电 QD128 断电再上电来复位故障。

四、能力训练

（一）操作条件

1. 实验环境的要求：通风良好，温度为 15～35℃，相对湿度为 20%～90%，照度为

200~300lx，无易燃、易爆及腐蚀性气体或液体，无导电性粉尘和杂物。

2. 实验室的要求：应有安全用具、防护用具和消防器材等。

3. 实验台的要求：实验台与电气系统设计相一致，电控柜接地良好，电机绝缘良好，设备元器件齐全，无脱线现象。实验台稳固，台面清洁。

4. 工具和仪器仪表的要求：符合装备和调试的常用工具和仪器仪表。定期检查、清洁以保证其性能良好。

5. 操作计算机的要求：操作系统安装完成后，PC 网口或 USB 端口能够正常工作。

（二）安全及注意事项

1. 实验台设备应符合 IEC 61508-2—2010 标准，即符合电气/电子/可编程电子安全相关系统的要求。实验人员必须严格执行国家安全作业规定。

2. 操作人员必须具备必要的电工知识，熟悉供电系统和各种电气设备的性能和操作方法，还应具备在异常情况下采取相应措施的处理能力。

3. 实验期间禁止乱放、乱拉和乱接电线电缆。

4. 在进行供电与停电操作及相关的电气实验操作时，必须穿戴合格的绝缘手套和绝缘鞋，必须按照正确的顺序进行操作。

5. 接线作业完成后，经实验室教师复核同意后方可进行通电，或电气实验操作；实验操作分为两组人员，一组做实验，另一组进行安全监控，实验的所有进程都应有教师的监督和指导。

6. 实验结束后，恢复实验设备至初始状态，清理台面，并将工具和仪器仪表归位。

（三）操作过程

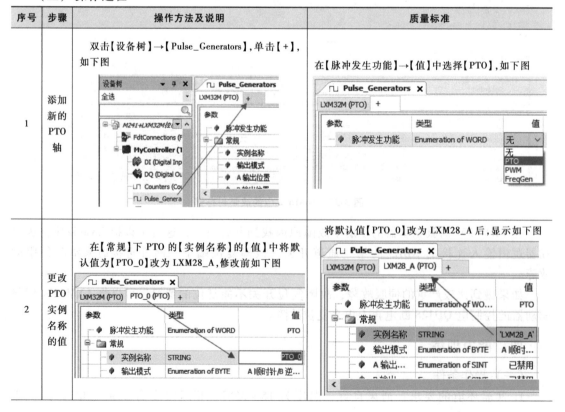

序号	步骤	操作方法及说明	质量标准
1	添加新的 PTO 轴	双击【设备树】→【Pulse_Generators】，单击【+】，如下图	在【脉冲发生功能】→【值】中选择【PTO】，如下图
2	更改 PTO 实例名称的值	在【常规】下 PTO 的【实例名称】的【值】中将默认值【PTO_0】改为 LXM28_A，修改前如下图	将默认值【PTO_0】改为 LXM28_A 后，显示如下图

（续）

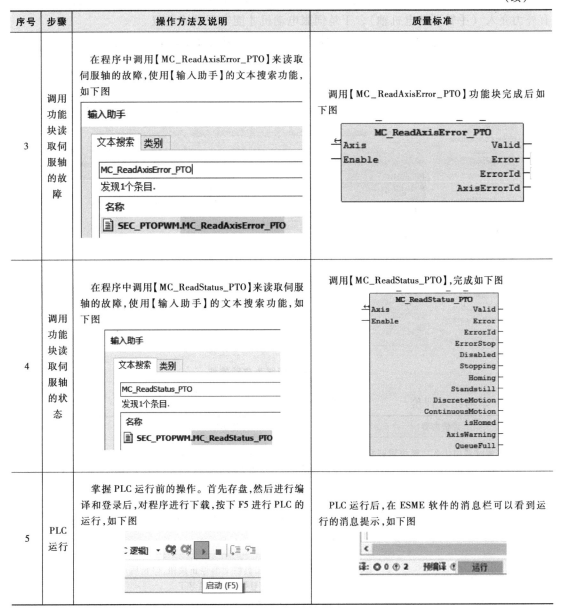

序号	步骤	操作方法及说明	质量标准
3	调用功能块读取伺服轴的故障	在程序中调用【MC_ReadAxisError_PTO】来读取伺服轴的故障,使用【输入助手】的文本搜索功能,如下图 输入助手 文本搜索　类别 MC_ReadAxisError_PTO 发现1个条目. 名称 SEC_PTOPWM.MC_ReadAxisError_PTO	调用【MC_ReadAxisError_PTO】功能块完成后如下图 MC_ReadAxisError_PTO Axis　　　Valid Enable　　Error 　　　　ErrorId 　　　AxisErrorId
4	调用功能块读取伺服轴的状态	在程序中调用【MC_ReadStatus_PTO】来读取伺服轴的故障,使用【输入助手】的文本搜索功能,如下图 输入助手 文本搜索　类别 MC_ReadStatus_PTO 发现1个条目. 名称 SEC_PTOPWM.MC_ReadStatus_PTO	调用【MC_ReadStatus_PTO】,完成如下图 MC_ReadStatus_PTO Axis　　　　Valid Enable　　　Error 　　　　　ErrorId 　　　　ErrorStop 　　　　Disabled 　　　　Stopping 　　　　Homing 　　　Standstill 　　DiscreteMotion 　ContinuousMotion 　　　isHomed 　　AxisWarning 　　　QueueFull
5	PLC运行	掌握PLC运行前的操作。首先存盘,然后进行编译和登录后,对程序进行下载,按下F5进行PLC的运行,如下图 逻辑　启动(F5)	PLC运行后,在ESME软件的消息栏可以看到运行的消息提示,如下图 译:0 2 预编译 运行

问题情境一:

每个 PTO 通道最多可以使用多少个输入输出?

6 个输入,如果使用回原点(参考/索引)、事件(探测器)、限制(limP、limN)或驱动器准备好(driveReady)的可选接口信号。

3 个物理输出,如果使用伺服使能信号(driveEnable)则最少需要 3 个逻辑输出。

问题情境二:

伺服电动机为何要使能 Servo on 之后才可以动作?

伺服驱动器的出厂设置并不是在通电后就能输出电流到电机,因此电机是处于自由的状态(手可以转动电机轴)。伺服驱动器接收到伺服使能信号后会输出电流到电机,让电机处于一种电气保持的状态，此时才可以接收指令去动作，没有收到指令时是不会动作的，即使有外力介入（手转不动电机轴），于是伺服电动机才能实现精确定位。

另外，可以通过 LXM32 伺服驱动器的参数设置实现伺服驱动器上电就给电机加上使能，设置 IO_AutoEnable 参数设为 AutoON，如图 3-38 所示。

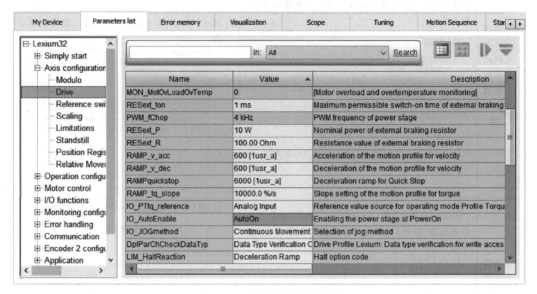

图 3-38   设置伺服为自动使能

（四）学习结果评价

序号	评价内容	评价标准	评价结果
1	编程时调用什么功能块能够实现伺服的使能	伺服使能时，会在程序中调用使能功能块，调用后在程序中可以查看到使能功能块 MC_Power_PTO	
2	编程时调用什么功能块能够复位程序中可能碰到的功能块的运行错误	对程序中碰到的功能块运行错误调用故障复位功能块去解决，调用后在程序中可以看到 MC_Reset_PTO 故障复位功能块	
3	停止运行的 PLC 的方法	停止时，可以单击工具栏上的停止按钮，停止后可以看到消息栏的运行信号变成停止信号了	

五、课后作业

（一）TM241 的 PTO 功能是 PLC 能够通过去控制伺服控制器的功能。

（二）TM241 的 PTO 功能最多可以控制个独立的线性单轴步进器或伺服驱动器，实现伺服轴的定位或速度应用。

（三）功能块 MC_Reset_PTO 用来复位 PTO 的，使 PTO 轴从故障 ErrorStop 状态转换为静止 Standstill 状态。

（四）下载程序后，按 F5 或者单击图标运行 PLC，运行后可以看到 PLC 由停止状态转换为运行状态。

职业能力 3.1.2　编程实现回原点的功能

一、核心概念

（一）回原点功能

TM241 的 PTO 回原点功能就是在 PLC 内部建立伺服运动的坐标系原点，在回原点的过程中将轴的状态转换为 Homing。在启动回原点之前，应先调用 MC_Power_PTO 功能块给伺服加上使能，轴处于静止 Standstill 时才能开始寻原点。

PTO 回原点有两个功能块，一个是使用设置轴的位置 MC_SetPosition_PTO 功能块，当伺服电动机处于静止 Standstill 状态下，设置轴的实际位置值后，就建立了电机编码器位置值和机器工作位置值之间的联系，这样就得到原点，例如值为 0，在功能块执行过程中伺服不移动。

另一个是使用命令轴移动至参考位置 MC_Home_PTO 功能块。根据回原点模式，【位置设置】工作方式，在伺服电动机不移动的情况下，设置轴的位置值得到原点。其他回原点模式都要通过移动伺服轴接近或触碰到接到 PLC 原点开关（在 PLC 的配置中，此逻辑输入设置为 REF），有些回原点模式还要使用索引信号或限位信号。

（二）原点开关的两种类型

原点开关的两种类型，即短参考和长参考。短参考原点开关指的是光电开关或者接近开关，这类开关有个共同的特点是原点信号为高电平的距离比较短。

长参考原点开关指的是限位开关一类的原点开关，与光电和接近开关相比，这类开关变为真后的距离比较长。

（三）PTO 的运动状态图

PTO 的运动状态图代表了 PTO 控制伺服轴时，在不同的轴状态之间切换的条件，根据不同的情况切换到不同的运行方式，PTO 运动状态图如图 3-39 所示。

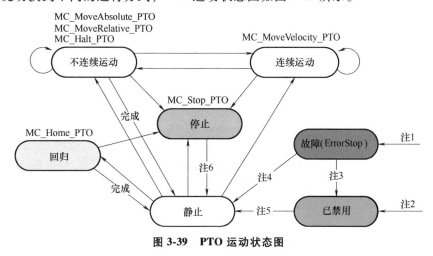

图 3-39　PTO 运动状态图

PTO 的运动状态图将伺服的轴状态分为七种，分别是【已禁用】【故障（ErrorStop）】【静止（standstill）】【回归】【停止】【不连续运动】和【连续运动】，可以调用 MC_

ReadStatus_PTO 功能块来获取轴的当前状态。

1.【已禁用】

伺服动力部分没有得电，且没有故障的状态。

2.【故障（ErrorStop）】

故障是在轴上或在控制器中检测到错误后进入的状态，【ErrorStop】在所有的轴状态中具有最高优先级。

如果出现故障时，轴在运动，则系统会以快速停止斜坡来终止当前的运动，然后断开伺服的使能。故障时，当前运动的功能块的 Error 引脚输出为真，可以使用 MC_ReadAxisError 功能块的 ErrorId 引脚查询当前的故障码，来查找问题。

故障产生后，使用 MC_Reset_PTO 功能块完成复位故障，故障复位后，MC_Power_PTO 的 Enable 引脚的状态如果为真，MC_Power_PTO 的 Status 输出引脚也就为真，则进入【静止（Standstill）】，如果为假，则进入【已禁用】的轴状态。

3.【静止（Standstill）】

指的是伺服已经使能，没有故障并且速度为 0 的状态，也被称为静止状态。

静止是进入寻原点、单步运动、连续运动和【停止】轴状态的前提条件。

4.【回归】

回归是在轴状态处于【静止】后，调用 MC_home_PTO 后进入的轴状态。

【回归】只能被 MC_ Stop_PTO 功能块打断。在不打断的情况下，轴会完成回原点的动作，回原点正常完成后，伺服轴的状态进入【静止】。

在回原点正常完成之前，是不能执行【不连续运动】和【连续运动】的。

5.【不连续运动】

是指单次运动，即不连续运动完成后会自动地返回【静止】状态，即运动只执行一次，绝对移动、相对移动、暂停都属于这类运动。

6.【连续运动】

指的是速度移动 MC_MoveVelocity_PTO，一旦执行，在不被其他功能块或故障打断的情况下，会一直执行下去。

7.【停止】

在调用 MC_Stop_PTO 功能块时进入停止的轴状态，仅用在急停或一些工艺上要求快速停止的场合，在 MC_Stop_PTO 功能块执行完毕后，它的完成位 Done 为真，并且将 MC_Stop_PTO 的 Execute 输入引脚置为 FALSE 时，轴状态进入【静止】，才能进行新的轴运动。

二、学习目标

（一）学会 MC_SetPosition_PTO 功能块的功能和调用。

（二）学会 MC_Home_PTO 功能块的功能和调用。

三、基本知识

（一）SoMove 调试软件设置 LXM32M 伺服驱动器参数

在上节 PTO 参数的基础上，继续配置 LXM32M 伺服驱动器的参数。

1. 设置 LXM32M 伺服驱动器每圈脉冲为 500

传动系数是电机增量数与外部位置增量数之比，电机每圈增量在 LXM32M 伺服驱动器固定为 131072。

LXM32M 伺服驱动器有两种设置传动系数的方法，如果传动系数是 1~11 中的一个，直接在 GearRatio 参数中设置，在本节中，每圈脉冲数为 500，用户单位为丝米，500 对应 LXM32 伺服驱动器每圈行程为 5mm，GearRatio 参数要设为第三个选择项−500，如图 3-40 所示。

参数名称 HMI 菜单 HMI 名称	说明	单位 最小值 出厂设置 最大值
GEARratio ConF →r-o- GFAC	选择已预定义的传动系数 0 / Gear Factor / FAct：使用 GEARnum/GEARdenom 中所设置的传动系数 1 / 200 / 200：200 2 / 400 / 400：400 3 / 500 / 500：500 4 / 1000 / 1000：1000 5 / 2000 / 2000：2000 6 / 4000 / 4000：4000 7 / 5000 / 5000：5000 8 / 10000 / 10.00：10000 9 / 4096 / 4096：4096 10 / 8192 / 8.192：8192 11 / 16384 / 16.38：16384 以给定的数值修改参比量，将导致电机旋转。 变更的设置将被立即采用。	− 0 0 11

图 3-40　直接在 GearRatio 参数中设置传动系数

在【OperationConfiguration】下的电子齿轮【Electronic Gear】找到电子齿轮比参数【GEARratio】，将其设为 500，如图 3-41 所示。

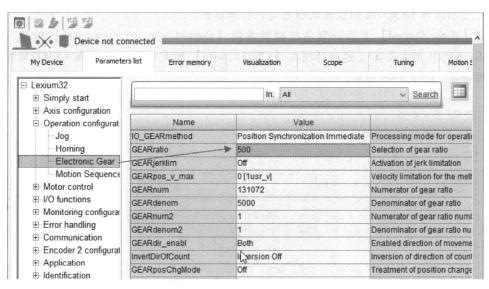

图 3-41　设置电子齿轮每圈脉冲数

如果传动系数不在 1~11 的选项之内，需要将 GEARratio 参数设为 0，这时，伺服使用电子齿轮比的分子和分母两个参数来设置传动系数,传动系数的分子参数是GEARnum,传动系数的分母的参数是GEARdenom,例如,如果要设置传动系数为7187,应先把参数GE-ARratio设为0,然后将参数GEARnum设为131072,传动系数的分母GEARdenom设为7187。

2. 调整电机的旋转方向

在LXM32M伺服驱动器中可通过参数InvertDirOfCount反转脉冲PTI的给定方向,这样保证程序的一致性,如图3-42所示。

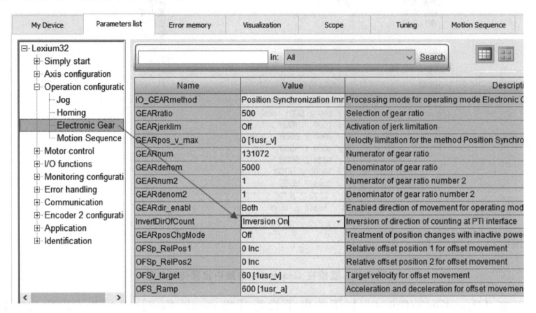

图3-42 反转PTI脉冲模式的给定方向

3. 手动调整LXM32M伺服驱动器的电机控制参数

将【Motor Control】下第一套电机控制参数【Control loop parameter set1】位置环增益【CTRL1_KPp】加大到35,速度环增益【CTRL1_KPn】加大到0.02,提高LXM32M伺服驱动器的响应,如图3-43所示。

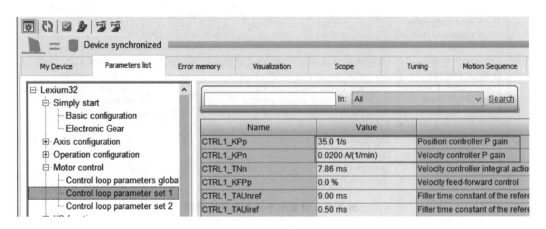

图3-43 调整LXM32M伺服驱动器的电机控制参数

修改参数后，需单击快捷图标【SaveParameters to EEPROM】，将参数保存到 EEPROM 中，保存完成后，驱动器断电再上电，修改的参数将会被保存。

（二）组建单轴 LXM32M 伺服驱动器 PTO 控制的回原点功能的控制项目

创建新项目【M241 + LXM32M 控制系统的回原点功能】，硬件配置 PLC 选择 TM241CEC24T，在 IO_Bus 下添加 TM3 模块，包括逻辑输出模块 TM3DQ16R、安全模块 TM3SAC5R、TM3 总线发送模块 TM3XTRA1、TM3 总线接收模块 TM3XREC1、逻辑输入模块 TM3DI16、逻辑输出模块 TM3DQ16R。完成后的项目，在【设备】树下可以查看到扩展的 TM3 模块，如图 3-44 所示。

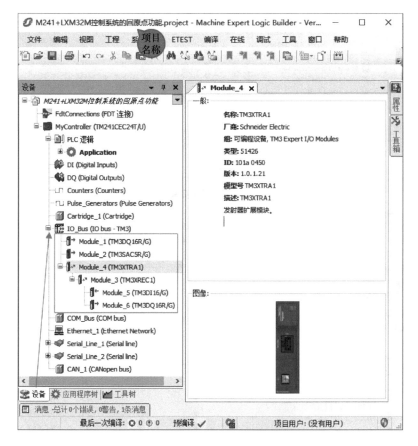

图 3-44　回原点项目的扩展模块

（三）M241 本体的输入和输出变量

在 ESME 软件的【设备】下，单击【DI】，创建 M241 本体的输入变量，完成的 DI 变量表如图 3-45 所示。

在 ESME 软件的【设备】下，单击【DQ】，创建 M241 本体的输出变量，完成的 DQ 变量表如图 3-46 所示。

（四）TM3 扩展模块的变量

M241 的 TM3 扩展系统的第 1 个扩展模块 Module_1 的变量在 ESME 软件的【设备树】→【IO_Bus】下进行声明，声明的变量的默认值都为 FASLE，如图 3-47 所示。

图 3-45 DI 变量

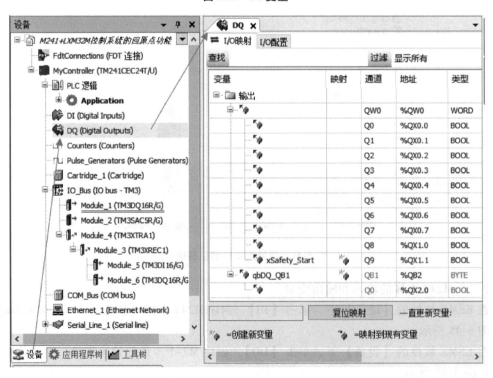

图 3-46 M241 的输出模块的 DQ 变量表

M241 的 TM3 扩展系统的 Module_5 的变量在 ESME 软件的【设备树】→【IO_Bus】下进行声明，如图 3-48 所示。

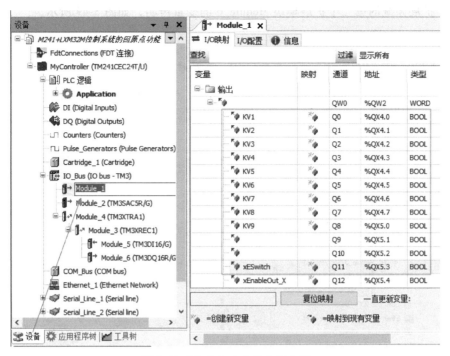

图 3-47　Module_1 中的变量声明

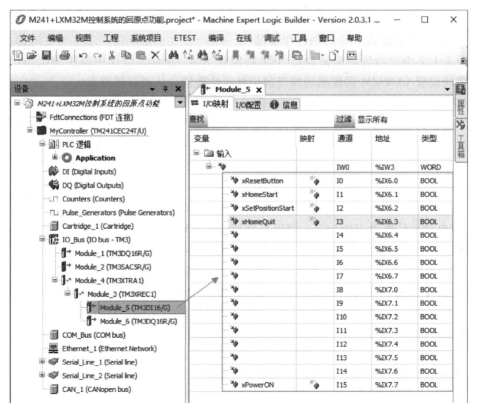

图 3-48　Module_5 中的变量声明

M241 扩展系统的第二个扩展模块 Module_6 的变量声明，如图 3-49 所示。

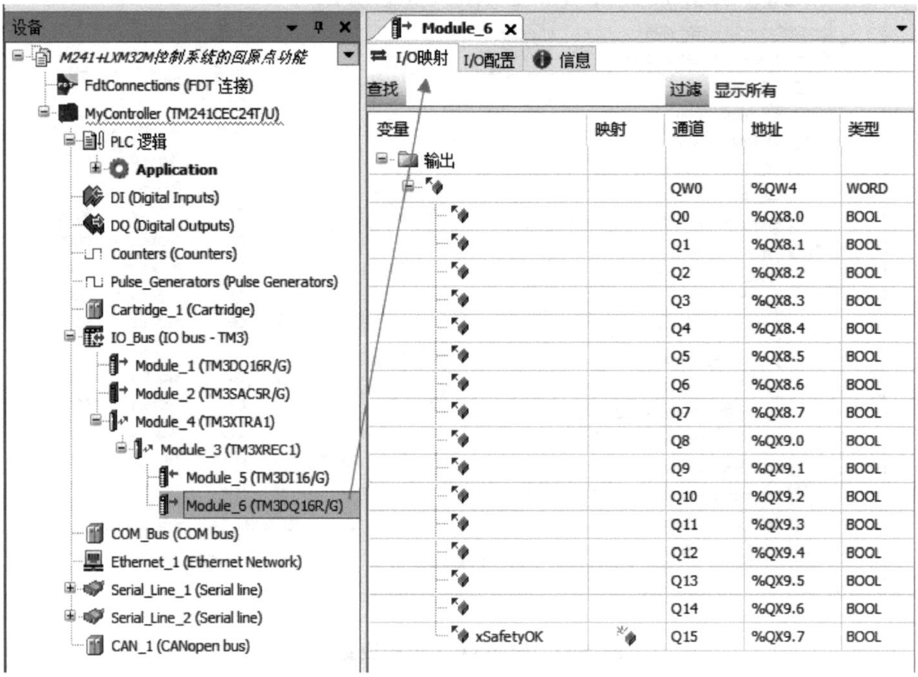

图 3-49　Module_6 中的变量声明

（五）回原点功能块 A04 的创建和编程

参照 2.1.2 中的内容创建回原点 ACT 功能块 A04_Home，动作中调用 MC_SetPosition_PTO 功能块设置 LXM32M 伺服驱动器当前位置的位置值，从而获得原点。

全局变量 xSetPositionStart 用于启动功能块的执行。

回原点功能块 MC_Home_PTO 用于 X 轴的回原点操作，MC_Home_PTO 功能块的 Mode 引脚连接的变量 GVL. uiHomeMethod 是回原点的模式选择，初始值设置为 20。

Direction 引脚连接的变量 GVL. homeDirection 变量的初始值设置为 1，即正方向，枚举变量的写法是 mcPositiveDirection。

回原点成功后，伺服轴的位置为 0，所以将 Position 引脚被设为 0。回原点高速设为 830，对应电动机转速为 100r/min。回原点低速设为 83，对应电动机转速为 10r/min。回原点的加速度和减速度都设为 500Hz/ms，动作 A04_Home 中的程序，如图 3-50 所示。

MC_ReadStatus_PTO 读 PTO 状态的功能块，此功能块的输出引脚 isHomed 在回原点成功后，将变为 1，程序使用与功能块 AND，当 MC_ReadStatus_PTO 功能块的输出有效引脚 Valid 为真、故障输出 Error 引脚为假和 isHomed 引脚的输出为真时，判断回原点有效，可以进行绝对位置移动。

程序还调用了 MC_Stop_PTO 功能块，如果回原点出现异常时，退出回原点过程。程序如图 3-51 所示。

当回原点出现错误时，在 A03 中调用 MC_Reset_PTO 功能块复位故障功能块的错误程序，如图 3-52 所示。

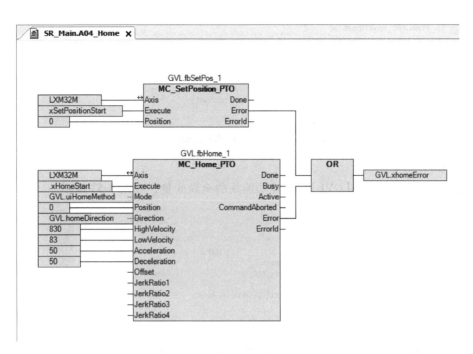

图 3-50　A04_Home 动作中的程序

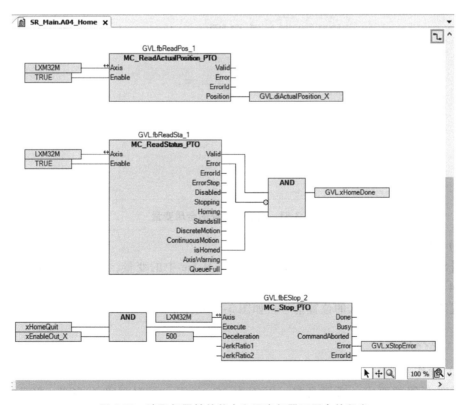

图 3-51　读取伺服轴的状态和退出伺服回原点的程序

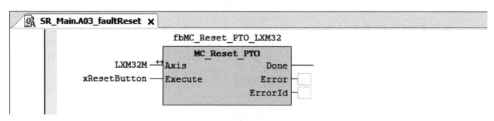

图3-52　复位故障功能块的错误程序

（六）GVL 变量

单击【应用程序树】→【GVL】，创建功能块的全局变量，如图 3-53 所示。

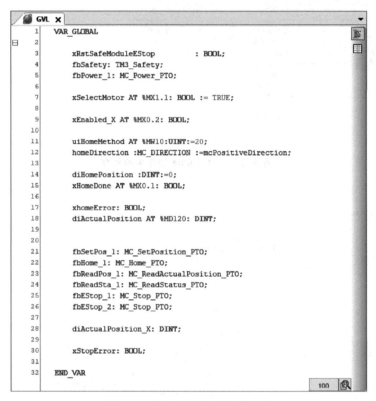

图3-53　创建功能块的全局变量

（七）SR_Main 主程序

在【SR_Main】的局部变量中创建动作 A04_Home 中的变量，并调用 A04_Home 动作，如图 3-54 所示。

配置 PTO 的 REF 输入的位置信号，如图 3-55 所示。

四、能力训练

（一）操作条件

1. 实验环境的要求：通风良好，温度为 15 ~ 35℃，相对湿度为 20% ~ 90%，照度为 200~300lx，无易燃、易爆及腐蚀性气体或液体，无导电性粉尘和杂物。

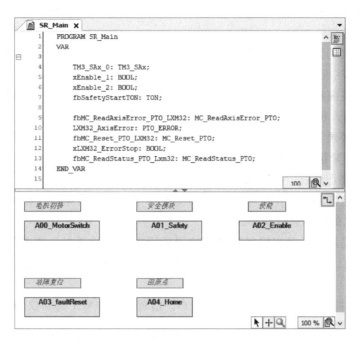

图 3-54　调用 A04_Home 动作

参数	类型	值	缺省值	单位	说明
🗁 常规					
◆ 实例名称	STRING	'LXM32M'	"		命名受此PTO通道控制的轴它用作PTO功能块的输入。
◆ 输出模式	Enumeration of BYTE	A脉冲/B方向	A顺时针/B逆时针		选择脉冲输出模式
◆ A输出位置	Enumeration of SINT	Q0	已禁用		选择用于A信号的PLC输出
◆ B输出位置	Enumeration of SINT	Q1	已禁用		选择用于B信号的PLC输出
🗁 位置限制					
🗁 软件限制					
◆ 启用软件限制	Enumeration of BYTE	已启用	已启用		选择是否使用软件限制
◆ SW 下限	DINT(-2147483648...2147483646)	-2147483648	-2147483648		设置要在反方向上检测的软件限制位置
◆ SW 上限	DINT(-2147483647...2147483647)	2147483647	2147483647		设置要在正方向上检测的软件限制位置
🗁 运动					
🗁 常规					
◆ 最大速度	DWORD(0...100000)	100000	100000	赫兹	设置脉冲输出最大速度（赫兹）
◆ 启动速度	DWORD(0...100000)	0	0	赫兹	设置脉冲输出启动速度（赫兹）。0（如未使用）
◆ 停止速度	DWORD(0...100000)	0	0	赫兹	设置脉冲输出停止速度（赫兹）。0（如未使用）
◆ 加速度/减速度单位	Enumeration of BYTE	赫兹/毫秒	赫兹/毫秒		将加速度/减速度设置为速率（赫兹/毫秒）或设置为从0
◆ 最大加速度	DWORD(1...100000)	100000	100000		设置加速度最大值（使用加速度/减速度单位）
◆ 最大减速度	DWORD(1...100000)	100000	100000		设置减速度最大值（使用加速度/减速度单位）
🗁 快速停止					
◆ 快速停止减速度	DWORD(1...100000)	5000	5000		设置发生错误时的减速度值（使用加速度/减速度单位）
🗁 回归					
🗁 REF 输入					
◆ 位置	Enumeration of SINT	I0	已禁用		选择用于REF信号的PLC输入
◆ 跳动过滤器	Enumeration of BYTE	0.005	0.005	毫秒	设置用来减小对REF输入的跳动影响的过滤值
◆ 类型	Enumeration of WORD	常开	常开		选择开关触点缺省状态为开或为关

图 3-55　配置 PTO 的 REF 输入的位置信号

2. 实验室的要求：应有安全用具、防护用具和消防器材等。

3. 实验台的要求：实验台与电气系统设计相一致，电控柜接地良好，电机绝缘良好，设备元器件齐全，无脱线现象。实验台稳固，台面清洁。

4. 工具和仪器仪表的要求：符合装备和调试的常用工具和仪器仪表。定期检查、清洁以保证其性能良好。

5. 操作计算机的要求：操作系统安装完成后，PC 网口或 USB 端口能够正常工作。

（二）安全及注意事项

1. 实验台设备应符合 IEC 61508-2—2010 标准，即符合电气/电子/可编程电子安全相关系统的要求。实验人员必须严格执行国家的安全作业规定。

2. 操作人员必须具备必要的电工知识，熟悉供电系统和各种电气设备的性能和操作方法，还应具备在异常情况下采取相应措施的处理能力。

3. 实验期间禁止乱放、乱拉和乱接电线电缆。

4. 在进行供电与停电操作及相关的电气实验操作时，必须穿戴合格的绝缘手套和绝缘鞋，必须按照正确的顺序进行操作。

5. 接线作业完成后，经实验室教师复核同意后方可进行通电，或电气实验操作；实验操作分为两组人员，一组做实验，另一组进行安全监控，实验的所有进程都应有教师的监督和指导。

6. 实验结束后，恢复实验设备至初始状态，清理台面并将工具和仪器仪表归位。

（三）操作过程

序号	步骤	操作方法及说明	质量标准
1	能够说出 PTO 运动状态图将伺服分成了哪几种轴状态？	掌握 PTO 的运动状态图并将伺服的轴状态分为七种,分别是【已禁用】【故障 ErrorStop】【静止（standstill）】【回归】【停止】【不连续运动】和【连续运动】,可以调用 MC_ReadStatus_PTO 功能块来获取轴的当前状态	能够明确 PTO 的运动状态图并将伺服的轴状态分为七种，分别是【已禁用】【故障（ErrorStop）】【静止（standstill）】【回归】【停止】【不连续运动】和【连续运动】,可以调用 MC_ReadStatus_PTO 功能块来获取轴的当前状态
2	能够说出回原点功能块 MC_Home_PTO 在程序中的作用	掌握在程序中调用 MC_Home_PTO 回原点功能块是用于轴的回原点操作	能够明确回原点功能块 MC_Home_PTO 在程序中是用于轴的回原点操作的
3	能够说出在程序中调用 MC_SetPosition_PTO 功能块的作用	掌握在程序中调用 MC_SetPosition_PTO 功能块,可以直接设置关联伺服的当前位置值,从而获得原点	编程过程中，需要获得原点时会调用 MC_SetPosition_PTO 功能块直接设置 LXM32M 伺服驱动器当前位置的位置值，从而获得原点

问题情境：

使用 TM241 脉冲 LXM32M 伺服驱动器时，使用脉冲加方向的信号类型，发现伺服电动机只能往一个方向转，这是什么原因？

常见的原因有：

1. PLC 方向脉冲的线接到 LXM32M 伺服驱动器时接错线了。

2. PLC 的 PTO 输出模式没有正确设成脉冲加方向。

3. LXM32M 伺服驱动器参数中没有将电子齿轮的允许方向设成 both-两个方向，如图 3-56 所示。

参数名称 HMI 菜单 HMI 名称	说明	单位 最小值 出厂设置 最大值	数据类型 R/W 持续 专业	通过现场总线的参 数地址
GEARdir_enabl	电子齿轮的允许运动方向 1 / Positive：正方向 2 / Negative：负方向 3 / Both：两个方向 可以启用反转锁止功能 变更的设置将被立即采用	— 1 3 3	UINT16 UINT16 UINT16 UINT16 R/W 可持续保存 —	CANopen 3026:5h Modbus 9738 Profibus 9738 CIP 138.1.5

图 3-56　电子齿轮允许的方向的参数

（四）学习结果评价

序号	评价内容	评价标准	评价结果
1	PTO 运动状态图的【已禁用】代表的什么伺服状态	掌握 PTO 运动状态图的【已禁用】代表伺服动力部分没有得电，且没有故障的状态	
2	回原点功能块 MC_Home_PTO 的 Direction 引脚连接的变量的作用	Direction 引脚连接的变量 GVL. homeDirection 是寻原点时起步高速时的方向选择	

五、课后作业

（一）使用 SoMove 调试软件修改参数后，需单击快捷图标【SaveParameters to EEPROM】，将参数保存到 EEPROM 中，保存完成后，驱动器需要修改的参数将会被保存。

（二）回原点功能块 MC_Home_PTO 用于的回原点操作。

工作任务 3.2　M241 和 LXM32M 伺服系统的运动功能实现

职业能力 3.2.1　编程实现绝对和相对位置的控制功能

一、核心概念

（一）绝对位置移动

绝对位置移动是基于原点的运动，并且在绝对位置移动过程中将轴的状态转换为非连续运动 Discrete，我们把伺服电动机相对于原点的移动称为绝对移动。

在绝对位置中，目标位置给定 Position 指的是坐标位置，提示必须要有有效原点。

（二）相对位置移动

相对位置移动有无原点都可以开始立即运动。Distance 目标值是相对于当前位置值的，并且轴状态也会切换到非连续运动 Discrete。相对位置中目标距离给定 Distance 强调的是目标位置和当前位置的距离和差异。

二、学习目标

（一）掌握绝对位置移动功能块的功能和调用，学会使用读取位置功能块。

（二）掌握相对位置移动功能块的功能和调用。

（三）学会 LXM32M 伺服驱动器上电自动使能的参数设置。

三、基本知识

（一）组建单轴 LXM32MPTO 位置功能的项目

创建新项目【M241+LXM32M 伺服驱动器控制系统的位置控制功能】，硬件配置 PLC 选择 TM241CEC24T，在 IO_Bus 下添加 TM3 模块，包括逻辑输出模块 TM3DQ16R、安全模块 TM3SAC5R、TM3 总线发送模块 TM3XTRA1、TM3 总线接收模块 TM3REC1、逻辑输入模块 TM3DI16、逻辑输出模块 TM3DQ16R。

将 LXM32M 伺服驱动器设成上电自动使能，并将参数保存到 EEPROM 中。

（二）变量创建

扩展输出模块 TM3DQ16R/G 的 Module_1 的变量、DI、DQ 和 Module_6 的变量表与 3.2.1 中相同，这里不再描述。

扩展输出模块 TM3DI16R/G 的 Module_5 的变量表如图 3-57 所示。

图 3-57　Module_5 的变量表

（三）GVL 变量

单击【应用程序树】→【GVL】，创建功能块的全局变量，如图 3-58 所示。

（四）A05_MoveRelative 动作

创建新的 ACT 动作完成 LXM32M 伺服轴的相对位置移动，名称为 A05_MoveRelative，编程语言为 LD 梯形图。

在动作 A05 中加入相对位置移动功能块 MC_MoveRelative_PTO，完成伺服轴的相对位置移动，伺服使能后，合上相对移动开关，LXM32M 伺服电动机将正向移动 5000，加速时间在引脚 Acceleration 处进行设置，本案例设置为 200，减速时间在引脚 Deceleration 处进行设置，同样设置为 200，如图 3-59 所示。

（五）A06_MoveAbsolute 动作

创建新的 ACT 动作完成 LXM32M 伺服轴的绝对位置移动，名称为 A06_MoveAbsolute，编程语言为 CFC。

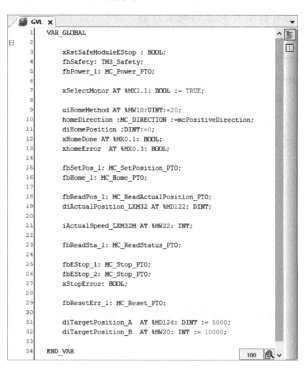

图 3-58　GVL 全局变量

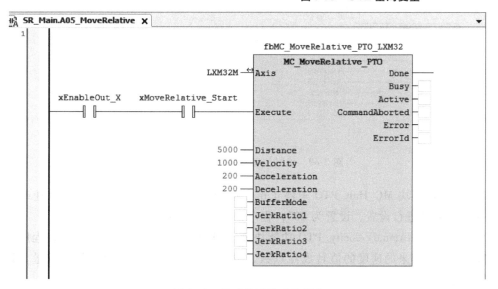

图 3-59　相对位置移动的程序

在动作 A06 的程序中加入绝对位置移动功能块 MC_MoveAbsolute_PTO，功能块的实例名称声明为 fbMoveAbsolute_A，用于在获得原点以后，完成伺服轴的绝对位置移动。

回原点后，如果合上绝对位置移动启动开关，伺服电动机从原点走到 A 点，然后从 A 点到 B 点，再回到 A，再走到 B 点，如此循环往复。A 点位置初始设定为 5000，B 点坐标为

10000，可以登录 PLC 后，在线修改。

MC_MoveAbsolute_PTO 功能块的开始执行需满足伺服电动机已经使能、回原点完成并且在绝对移动开关上出现上升沿。

LXM32M 伺服驱动器从原点到达位置 A 点后，通过 fbMoveAbsolute_A 功能块的完成位 Done 信号生成上升沿，开启到位置 B 的绝对位置运动，即在 fbMoveAbsolute_B 功能块的 Execute 引脚变量处生成上升沿。

移动到 A 点的最大速度设为 500，加速时间在引脚 Acceleration 处进行设置，本案例设置为 200，减速时间在引脚 Deceleration 处进行设置，同样设置为 200，加加速度设为 50。移动到 B 点的最大速度设为 3000，加减速度都设为 200，程序如图 3-60 所示。

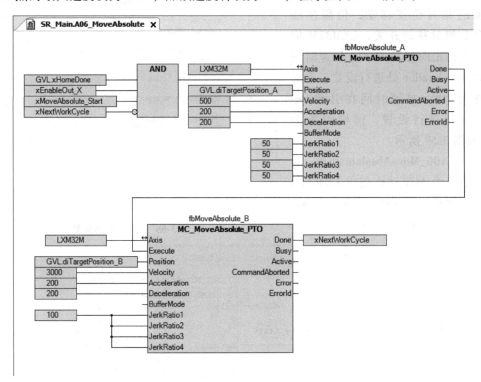

图 3-60　绝对位置移动 A 和 B 的程序

调用暂停功能块 MC_Halt_PTO 来停止正在运行的相对运动或绝对运动，减速时间在引脚 Deceleration 处进行设置，设置为 200，程序如图 3-61 所示。

调用 MC_ReadActualVelocity_PTO 功能块读取当前伺服运动的指令速度，在程序中为了保证精度，先将读来的速度的值转成浮点数，再乘 0.12，然后再转换回整型变量，程序如图 3-62 所示。

（六）A00 ~ A04 的动作

参照 3.1.2 小节项目中的 A00 ~ A04 的动作和程序，编写本项目中的电机切换、安全模块、使能、故障复位和回原点五个动作。

读者还可以使用 3.1.2 小节中的项目进行另存为的操作来获得这五个动作，也可以采用复制粘贴的方法，完成后在 SR_Main 下就可以看到添加的动作了，如图 3-63 中框选所示。

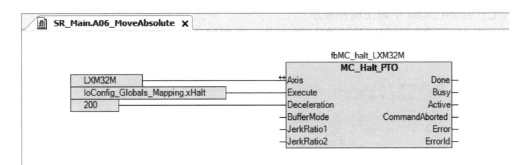

图 3-61　停止正在运行的伺服移动

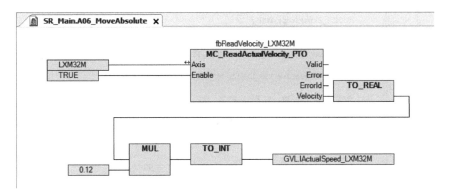

图 3-62　读取 LXM32M 伺服驱动器的指令速度

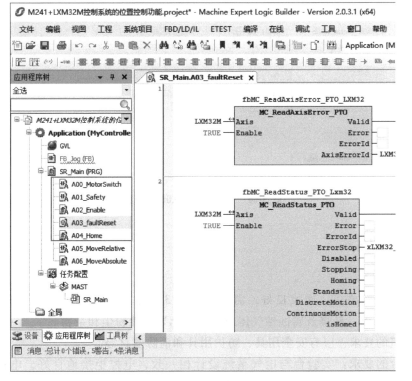

图 3-63　A00～A04 动作

（七）在 SR_Main 中调用动作程序

在 SR_Main 变量声明区域声明局部变量，并调用 A00～A06 的动作程序，如图 3-64 所示。

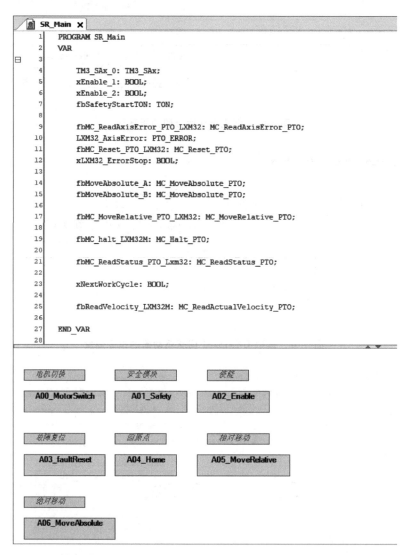

图 3-64　调用 A00～A06 的动作

四、能力训练

（一）操作条件

1. 实验环境的要求：通风良好，温度为 15～35℃，相对湿度为 20%～90%，照度为 200～300lx，无易燃、易爆及腐蚀性气体或液体，无导电性粉尘和杂物。

2. 实验室的要求：应有安全用具、防护用具和消防器材等。

3. 实验台的要求：实验台与电气系统设计相一致，电控柜接地良好，电机绝缘良好，设备元器件齐全，无脱线现象。实验台稳固，台面清洁。

4. 工具和仪器仪表的要求：符合装备和调试的常用工具和仪器仪表。定期检查、清洁以保证其性能良好。

5. 操作计算机的要求：操作系统安装完成后，PC 网口或 USB 端口能够正常工作。

（二）安全及注意事项

1. 实验台设备应符合 IEC 61508-2—2010 电气/电子/可编程电子安全相关系统的功能性安全要求第 2 部分：电气、电子、程序可控的电子安全相关系统的要求。实验人员必须严格执行国家的安全作业规定。

2. 操作人员必须具备必要的电工知识，熟悉供电系统和各种电气设备的性能和操作方法，还应具备在异常情况下采取相应措施的处理能力。

3. 实验期间禁止乱放、乱拉和乱接电线电缆。

4. 在进行供电与停电操作和相关的电气实验操作时，必须穿戴合格的绝缘手套和绝缘鞋，按照正确的顺序进行操作。

5. 当接线作业完成后，经实验室教师复核、同意后方可进行通电，或电气实验操作；实验操作应分为两组人员，一组做实验，另一组进行安全监控，实验的所有进程都应有教师的监督和指导。

6. 实验结束后，恢复实验设备至初始状态，清理台面并将工具和仪器仪表归位。

（三）操作过程

序号	步骤	操作方法及说明	质量标准
1	如何在 SoMover 软件中设置参数，使 LXM32M 上电后能自动使能？	掌握 SoMover 软件中的文件夹【Axis Configuration】下的驱动器【Drive】配置【IO_AutoEnable】中的自动使能参数设为 AutoOn，LXM32M 上电后就会自动使能	应明确 LXM32M 上电后自动使能的设置是在文件夹【Axis Configuration】下找到驱动器【Drive】配置【IO_AutoEnable】中的自动使能参数，设为 AutoOn 即可
2	MC_MoveAbsolute_PTO 功能块的开始执行前应需满足的三个条件，即伺服已经使能、回原点完成并且在绝对移动开关上出现上升沿	掌握 MC_MoveAbsolute_PTO 功能块开始执行前应满足的三个条件，即伺服已经使能、回原点完成并且在绝对移动开关上出现上升沿	应明确伺服已经使能、回原点并且在绝对移动开关上出现上升沿是 MC_MoveAbsolute_PTO 功能块开始执行的三个必要条件
3	在本节的项目程序中，编写 LXM32M 伺服驱动器正向移动 8000 的程序	在程序中调用 MC_MoveRelative_PTO 功能块，在 Distance 引脚填写正向移动的数值，功能块如下图所示 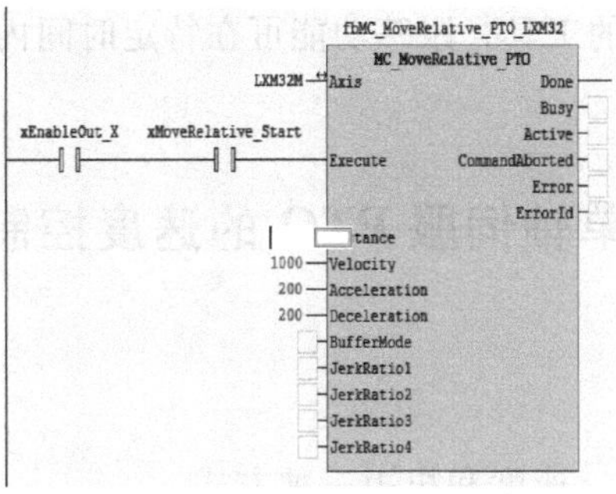	在 Distance 引脚填写正向移动的 8000 数值后，功能块完成图如下图所示 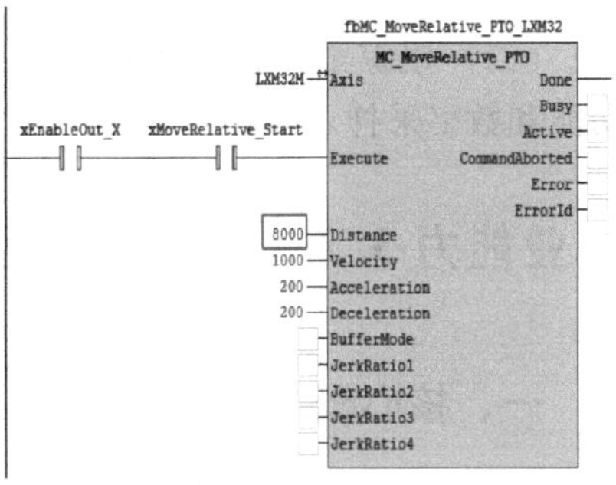

（续）

序号	步骤	操作方法及说明	质量标准
4	功能块 MC_Halt_PTO 的哪个引脚是用于设定减速时间的？	掌握 MC_Halt_PTO 是用来停止正在运行的绝对和相对位置移动的功能块，减速时间是在引脚 Deceleration 设定的	编程时，调用 MC_Halt_PTO 功能块后，在 Deceleration 引脚处设定减速时间

问题情境一：

为什么 M241 中的 PTO 走绝对位置模式控制 LXM32M，触发后轴不移动？

这种情况应排查以下几点原因：

1. 进行绝对位置控制之前应先进行寻原点操作，当 MC_ReadStatus_PTO 功能块的输出引脚 isHomed 置位为 1 后，才能进行绝对位置移动。

2. 绝对位置移动的另一个前提是 LXM32M 驱动器使能正常，检查 LXM32M 的前面板，驱动器面板在绝对位置移动之前应显示为 RUN。

3. 应注意脉冲 TM241 的漏型和源型脉冲输出与 LXM32M 的 PTI 接线是不同的。

问题情境二：

LXM28A 工作在脉冲模式（Pt）下，加减速时间 P1-34/35 参数中的设定是否起作用？

伺服参数中的加减速时间在脉冲位置模式下起作用。

（四）学习结果评价

序号	评价内容	评价标准	评价结果
1	在 SoMove 中修改参数后，采取什么操作才能将参数保存到 EEPROM 中？	掌握参数修改完成后，单击快捷图标【SaveParameters to EEPROM】，才能将参数保存到 EEPROM 中。保存完成后，驱动器断电再上电，修改的参数才被保存。LXM32M 动力和控制部分电源上电后，伺服将自动使能	
2	相对位置移动的概念和特点是什么？	掌握相对位置移动有无原点都可以开始立即移动的特点。引脚 Distance 目标值是相对于当前位置值的，并且轴状态也会切换到不连续运动 Discrete。相对位置中，目标距离给定 Distance 强调的是目标位置和当前位置的距离和差异	
3	本节程序中，调用了哪个功能块去读取伺服运动的指令速度？	掌握程序中是调用了 MC_ReadActualVelocity_PTO 功能块去读取伺服运动的指令速度	

五、课后作业

（一）用相对位置移动功能块 MC_MoveRelative_PTO 完成伺服轴的位置移动。

（二）跟踪是伺服调试不可缺少的工具，跟踪功能可在特定时间内记录 PLC 中的值，其功能和数字采样示波器相似。

职业能力 3.2.2　编程实现单轴伺服 PTO 的速度控制功能

一、核心概念

伺服系统按控制物理量分为位置、速度和扭矩三种方式。

（一）位置控制

位置控制模式一般是通过脉冲或通信来实现。

使用脉冲控制位置时，通过 PTO 脉冲的个数来确定转动的角度或位置，PLC 的 PTO 脉冲的频率来确定转动速度的大小，还可以对加减速度和加加速度进行设置。

使用通信控制位置时，通过通信方式直接对位移和速度进行设置。由于位置模式可以对位置移动的速度、加速度和加加速度进行控制，所以常用于对设备定位精度要求比较高的场合。是伺服应用最广泛的工作模式，应用领域如数控机床、机械手、激光雕刻等。

除此之外，也有将位置控制部分功能放在 PLC 或上位机，伺服仅工作在速度模式下的定位控制模式。

（二）速度控制

通过模拟量、脉冲的频率和总线通信都可以对伺服进行转动速度的控制。

使用脉冲控制速度时，PLC 的 PTO 脉冲的频率来确定转动速度的大小，还可以对加减速度和加加速度进行设置。

使用通信控制速度时，通过通信方式直接对速度目标值、加速度等参数进行设置。

（三）扭矩控制

伺服的力矩控制一般是通过模拟量或通信写力矩给定值参数来实现。

通过外部模拟量的输入或通信写参数来设定电机轴对外的输出转矩的大小，例如 10V 对应 10Nm 的话，当外部模拟量设定为 5V 时电机轴输出为 5Nm；如果电机轴负载低于 5Nm 时电机正转，并且不断地加速，外部负载等于 5Nm 时电机不转或处于匀速运动状态，大于 5Nm 时电机被负载拖着走。

二、学习目标

（一）掌握调用 MC_MoveVelocity_PTO 功能块实现伺服轴的速度控制。
（二）了解伺服功能块的缓冲模式。
（三）会编写 FB_Jog 功能块实现 LXM32M 的点动操作。

三、基本知识

（一）MC_MoveVelocity_PTO 功能块的持续更新输入

ContinuousUpdate 功能块输入引脚变量设为 TRUE 时，功能块会持续更新 Velocity、Acceleration、Deceleration 和 Direction 引脚变量的值，这些功能块输入变量的变化会被立即应用到当前的速度运动当中。从功能块的 Execute 引脚变量的上升沿开始 ContinuousUpdate 就会起作用，直到 ContinuousUpdate 功能块输入引脚变量设为 FALSE，或功能块执行 Busy 引脚变为 FALSE。

（二）功能块的缓冲模式

如果有两个轴的运动模块按前后启动，缓冲模式 MC_BUFFER_MODE 用来定义前后两个轴动作切换的路径细节。BufferMode 引脚的缓冲模式见表 3-1。

（三）功能块的消息队列

默认的缓冲模式 mcAborting 清除运动缓冲区，直接开始下一个轴运动。

缓冲模式不是 mcAborting 时，需要用到缓冲区，缓冲区最多只能有一个运动功能块，因此在已有运动的基础上，可以缓冲最多一个新的轴运动功能块。

表 3-1 BufferMode 引脚的缓冲模式

缓冲模式	枚举变量	描述
mcAborting	0	立即启动 FB(默认模式) 将中止正在进行的任何运动,清除移动队列
mcBuffered	1	等待当前运动完成,功能块(例如 Done 或 InVelocity)的输出引脚变为真后,系统立即启动新的轴运动功能块
mcBlendingPrevious	3	开始新的运动,但是速度从前一个运动的末端速度开始变化,即所谓的混合前一个动作
seTrigger	10	检测探测器输入事件后立即启动下一个移动并中止当前的运动,同时清除运动队列
seBufferedDelay	11	在当前运动完成后,即 Done 或 InVelocity 输出引脚变为真后,等待一段延时时间,启动下一个轴动作,这个延时时间是可以设置的 使用功能块 MC_WriteParameter_PTO 设置两个轴动作切换延时的长短,Parameter-Number 为 1000

使用 MC_Stop 停止 PTO 的动作或者伺服出现故障时也会清除运动队列,之前缓冲的运动将不会执行,PTO 的运动队列如图 3-65 所示。

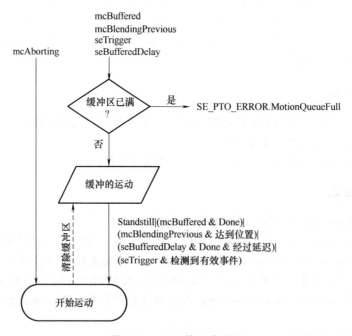

图 3-65　PTO 的运动队列

(四)组建单轴伺服控制的速度功能的项目

创建的新项目【M241+LXM32M 控制系统的速度控制功能】,硬件配置 PLC 选择 TM241CEC24T,在 IO_Bus 下添加 TM3 模块,包括逻辑输出模块 TM3DQ16R、安全模块 TM3SAC5R、TM3 总线发送模块 TM3XTRA1、TM3 总线接收模块 TM3REC1、逻辑输入模块 TM3DI16、逻辑输出模块 TM3DQ16R。

（五）变量创建

扩展输出模块 TM3DQ16R/G 的 Module_1 的变量、DI、DQ 和 Module_6 的变量表与 3.2.1 中相同，这里不再描述。

扩展输出模块 TM3DI16R/G 的 Module_5 的变量加入速度移动开始 xMoveVelocity_Start 和伺服正点动 xJogForward_LXM32M 和伺服反点动 xJogrReverse_LXM32M，变量表如图 3-66 所示。

图 3-66　扩展输出模块 TM3DI16R/G 的 Module_5 的变量表

（六）GVL 变量

单击【应用程序树】→【GVL】，创建功能块的全局变量，如图 3-67 所示。

（七）A00～A04 的动作

参照 3.1.2 小节项目中的 A00～A04 的动作和程序，编写本项目中的电机切换、安全模块、使能、故障复位和回原点 5 个动作。操作方法与上节相同。

（八）A07_MoveVelocity 动作

在 A07_MoveVelocity 动作程序中，将实现伺服轴按给定速度进行移动，并将实现伺服由速度模式切换到相对位置移动。

鼠标右键单击 SR＿Main，选择【添加对象】后，选择动作，创建新的速度移动动作 A07＿MoveVelocity，与 A02_Enable 使能 ACT 动作的创建的方法一样，编程语言选择 LD 梯形图。

为功能块的引脚 Axis 关联伺服轴 LXM32M，引脚 Execute 连接功能块的启动条件，ContinuousUpdate 功能块输入引脚变量设为 TRUE 时，功能块会持续更新 Velocity、Acceleration、Deceleration 和 Direction 引脚变量的值。加减速都设置为300，缓冲模式设置为 MC_BUFFER_MODE.mcBuffered，调用 MC_MoveVelocity_PTO 功能块，如图 3-68 所示。

调用相对位置移动功能块，移动距离为 10000 个脉冲，行走 20 圈，速度为 2000r/min，速度为 240r/min，加减速均为 200Hz/ms，缓冲模式设为 MCBuffered，调用相对位置移动功能块如图 3-69 所示。

调用 MC_Halt 功能块停止速度移

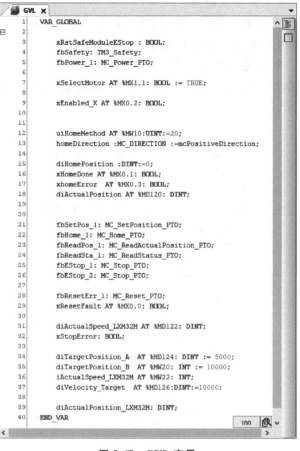

```
  1  VAR_GLOBAL
  2
  3      xRstSafeModuleEStop : BOOL;
  4      fbSafety: TM3_Safety;
  5      fbPower_1: MC_Power_PTO;
  6
  7      xSelectMotor AT %MX1.1: BOOL := TRUE;
  8
  9      xEnabled_X AT %MX0.2: BOOL;
 10
 11
 12      uiHomeMethod AT %MW10:UINT:=20;
 13      homeDirection :MC_DIRECTION :=mcPositiveDirection;
 14
 15      diHomePosition :DINT:=0;
 16      xHomeDone AT %MX0.1: BOOL;
 17      xhomeError  AT %MX0.3: BOOL;
 18      diActualPosition AT %MD120: DINT;
 19
 20
 21      fbSetPos_1: MC_SetPosition_PTO;
 22      fbHome_1: MC_Home_PTO;
 23      fbReadPos_1: MC_ReadActualPosition_PTO;
 24      fbReadSta_1: MC_ReadStatus_PTO;
 25      fbEStop_1: MC_Stop_PTO;
 26      fbEStop_2: MC_Stop_PTO;
 27
 28      fbResetErr_1: MC_Reset_PTO;
 29      xResetFault AT %MX0.0: BOOL;
 30
 31      diActualSpeed_LXM32M AT %MD122: DINT;
 32      xStopError: BOOL;
 33
 34      diTargetPosition_A  AT %MD124: DINT := 5000;
 35      diTargetPosition_B  AT %MW20: INT := 10000;
 36      iActualSpeed_LXM32M AT %MW22: INT;
 37      diVelocity_Target   AT %MD126:DINT:=10000;
 38
 39      diActualPosition_LXM32M: DINT;
 40  END_VAR
```

图 3-67　GVL 变量

动，并调用 MC_MoveActual 功能块读取当前的实际速度和位置，伺服轴实际位置的读取在 A04 回原点动作中，程序如图 3-70 所示。

图 3-68　调用 MC_MoveVelocity_PTO 功能块

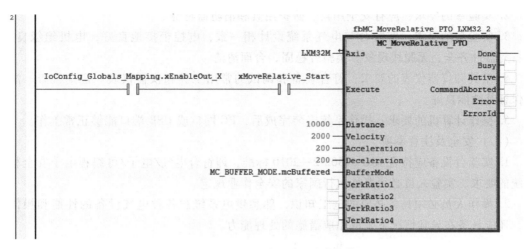

图 3-69　调用相对位置移动功能块

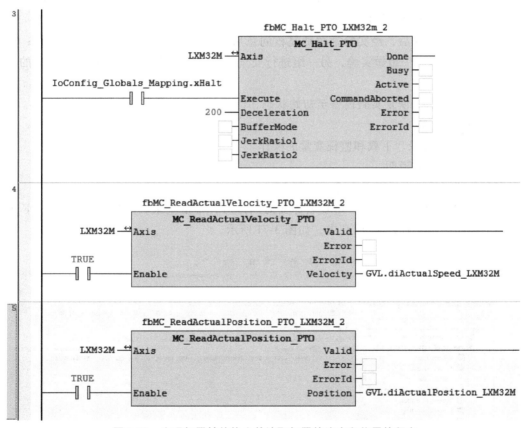

图 3-70　实现伺服轴的停止并读取伺服的速度和位置的程序

四、能力训练

（一）操作条件

1. 实验环境的要求：通风良好，温度为 15～35℃，相对湿度为 20%～90%，照度为 200～300lx，无易燃易爆及腐蚀性气体或液体，无导电性粉尘和杂物。

2. 实验室的要求：应有安全用具、防护用具和消防器材等。

3. 实验台的要求：实验台与电气系统设计相一致，电控柜接地良好，电机绝缘良好，设备元器件齐全，无脱线现象。实验台稳固，台面清洁。

4. 工具和仪器仪表的要求：符合装备和调试的常用工具和仪器仪表。定期检查、清洁以保证其性能良好。

5. 操作计算机的要求：操作系统安装完成后，PC 网口或 USB 端口能够正常工作。

（二）安全及注意事项

1. 实验台设备应符合 IEC 61508-2—2010 标准，即符合电气/电子/可编程电子安全相关系统的要求。实验人员必须严格执行国家的安全作业规定。

2. 操作人员必须具备必要的电工知识，熟悉供电系统和各种电气设备的性能和操作方法，还应具备在异常情况下采取相应措施的处理能力。

3. 实验期间禁止乱放、乱拉和乱接电线电缆。

4. 进行供电与停电操作和相关的电气实验操作时，必须穿戴合格的绝缘手套和绝缘鞋，必须按照正确的顺序进行操作。

5. 接线作业完成后，经实验室教师复核同意后方可进行通电，或电气实验操作；实验操作分为两组人员，一组做实验，另一组进行安全监控，实验的所有进程都应有教师的监督和指导。

6. 实验结束后，恢复实验设备至初始状态，清理台面，并将工具和仪器仪表归位。

（三）操作过程

1. 掌握 PLC 登录、下载和监视变量的操作

（1）操作方法及说明

存盘、编译无错误后下载程序，运行 PLC。

双击【TM241CEC24T_U】，PLC 名称变为黑体后，单击登录，同时按下 ALT 和 F 键确认后，下载程序到 TM241 的 PLC 中，如图 3-71 所示。

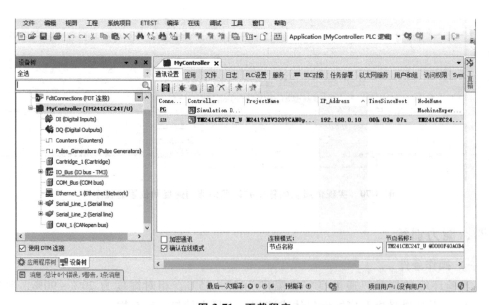

图 3-71　下载程序

登录在线后，选择【视图】下面的【监视 1】，打开 watch，如图 3-72 所示。

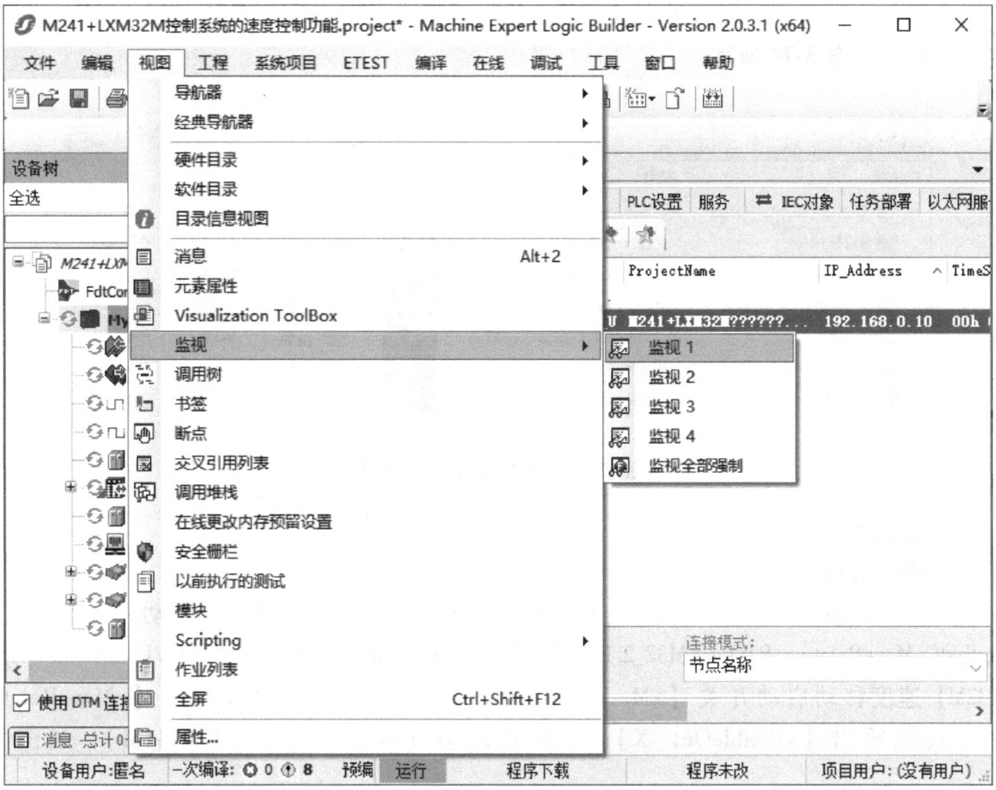

图 3-72　打开【监视 1】编辑框

在【监视 1】中，在【表达式】填入速度给定目标值【GVL.diVelocity_Target】，如图 3-75 所示。

图 3-73　在监视 1 中填入速度给定目标值

采用类似的方法，加入使能的开关 x32Enable、LXM32 的准备输入 x32Ready、速度移动启动开关 xMoveVelocity_Start、停止开关 xHalt 和相对位置移动开关 xMoveRelative_Start、使能输出 xEnableOut_X 变量。

（2）质量标准

对实验台进行操作时，学员在【监视1】中添加变量完成后，在【监视1】中可以看到添加的变量，如图3-74所示。

监视1						
表达式	应用	类型	值	执行点	地址	注释
GVL.diVelocity_Target	MyController.Applica...	DINT	100000	循环监测	%MD126	A07
x32Enable	MyController.Applica...	BIT	FALSE	循环监测	%IX0.2	DI：快...
x32Ready	MyController.Applica...	BIT	FALSE	循环监测	%IX0.4	DI：快...
xMoveVelocity_Start	MyController.Applica...	BIT	FALSE	循环监测	%IX6.7	Module_...
xHalt	MyController.Applica...	BIT	FALSE	循环监测	%IX6.6	Module_...
xMoveRelative_Start	MyController.Applica...	BIT	FALSE	循环监测	%IX6.4	Module_...
xEnableOut_X	MyController.Applica...	BIT	FALSE	循环监测	%QX5.4	Module_...

图3-74　添加的监视的变量

2. 掌握无触器跟踪的操作

（1）操作方法及说明

新建一个Trace，名称为【Trace_MoveVelocity】，依次添加相对位置移动完成信号【SR_Main. fbMC_MoveRelative_PTO_LXM32_2. Done】、停止开关xHalt、实际位置值【GVL. diActualPosition_LXM32M】速度移动启动开关【xMoveVelocity_Start】、相对位置移动开关【xMoveRelative_Start】、使能输出【xEnableOut_X】、实际速度值【diActualSpeed_LXM32M】，如图3-75所示。

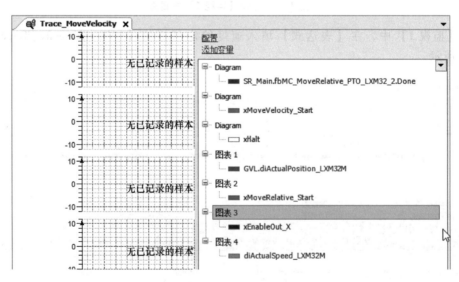

图3-75　添加跟踪的变量

将TM241本体的使能输入I1和LXM32M伺服驱动器准备好开关I2闭合，LXM32M伺服驱动器使能功能块正常完成后，使能输出xEnableOut_X变为真，如图3-76所示。

在跟踪【Trace_MoveVelocity】中下载跟踪，开始各变量的记录，如图3-77所示。

在跟踪配置中，跟踪曲线在MAST任务中执行，跟踪曲线的设置如图3-78所示。

图 3-76　监视 1 中使能完成

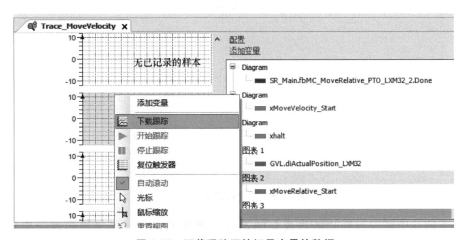

图 3-77　下载跟踪开始记录变量的数据

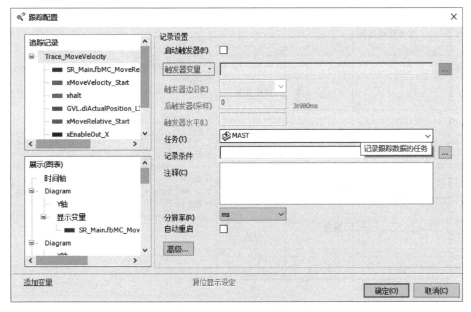

图 3-78　跟踪曲线的设置

（2）质量标准

对实验台进行操作时，学员能够将速度移动开关 xMoveVelocityStart（扩展逻辑输入模块 TM3DI16/G 的 I7 通道）闭合，伺服以 10000 脉冲每秒运行，对应电机转速 1200r/min，在【监视 1】中把【GVL. diVelocity_Target】设定值修改为【5000】，在右键快捷菜单【写入值】中，将速度给定值降低一半，如图 3-79 所示。

图 3-79　修改给定值为 5000

在跟踪曲线中可以看到功能块读取的速度下降到了 5000，如果将扩展逻辑输入模块 TM3DI16/G 的 I6 停止开关 xHalt 闭合，速度降为 0，完成的跟踪曲线如图 3-80 所示。

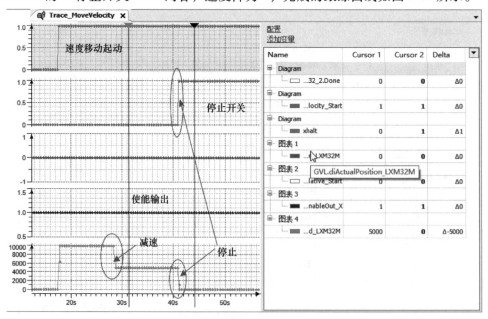

图 3-80　速度运行的跟踪曲线

单击 🖼 图标退出登录。

3. 掌握有触发器跟踪的操作

（1）操作方法及说明

复制 Trace_MoveVelocity，粘贴后将曲线名称修改为【Trace_MoveVelocity_trigger】，在配置中勾选【启动触发器】，触发器变量 xMove【后触发器（采样）】设为【300】，即在出现触发器事件后，记录 5.98s 后停止跟踪记录，设置完成单击【确定】，如图 3-81 所示。

图 3-81　跟踪配置

重新登录 PLC，将 TM241 本体的使能输入 I1 和 LXM32M 准备好开关 I2 闭合，LXM32M 伺服驱动器使能功能块正常完成后，使能输出 xEnableOut_X 变为真。

（2）质量标准

下载跟踪后，对实验台进行操作时，学员能够将扩展逻辑输入模块 TM3DI16/G 的 I4 相对位置移动开关 xMoveRelative 闭合，然后将扩展逻辑输入模块 TM3DI16/G 的 I7 速度移动开关 xMoveVelocity_Start 闭合，在完成的跟踪曲线上可看到触发器事件的黑色竖线，在曲线上可以看到，当闭合 xMoveVelocity_Start 时，伺服的运动功能块并没有立即切换到速度移动上，而是等待第一个相对位置移动完成，速度降低到 0 再开始升高，切换到速度运行上，如图 3-82 所示。

使用 trace 软件的 🔍 图标，拉伸 X 轴，仔细观察切换过程，发现在缓冲模式下，在相对位置移动完成一个扫描周期后就完成了切换，如图 3-83 所示。

将扩展逻辑输入模块 TM3DI16/G 的 I8 正点动开关 xJogForward_LXM32M 闭合，LXM32M 伺服驱动器以设置的 15r/min 正向点动，断开 I8 正点动开关，伺服电动机停止。

将扩展逻辑输入模块 TM3DI16/G 的 I9 反点动开关 xJogForward_LXM32M 闭合，LXM32M 伺服驱动器以设置的 15r/min 反向点动，断开 I9 正点动开关，伺服电动机停止。

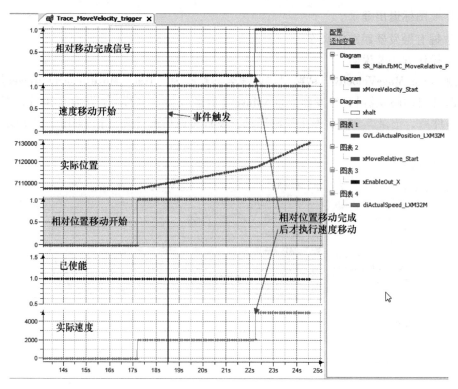

图 3-82　缓冲模式下等待相对移动完成切换

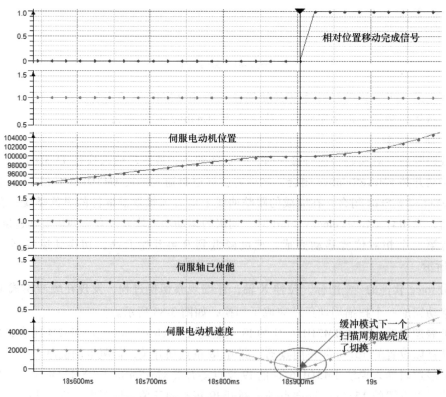

图 3-83　设为缓冲模式的动作切换过程

问题情境一：

在纺织行业的引导纱线卷绕到筒子上的导纱器，机器在筒子的两端做绝对位置定位，要求在两端不能停留，如果停留时间过长就会造成绕线成形不好，纱线的质量将下降，严重的情况下还会出现废品，要求换向时间越短越好，最长不能超过 40ms，编程时应如何处理？

必须将两个绝对位置移动缓冲模式都设为 mcBuffered，并提前触发第二段绝对位置返回的动作，这样系统会在前一段的绝对位置执行完毕后立即执行后一个绝对位置，如果在程序中加逻辑，在上一个绝对位置移动功能块的完成位 Done 的上升沿将 Execute 引脚设为 FALSE，然后再设为 TRUE，至少需要两个扫描周期才能启动下一个绝对位置运动。

问题情境二：

TM241 的 PLC 发脉冲给伺服，电动机转速在 600r/min 以下时转速与频率成正比，但发更高频率脉冲时电动机转速却下降了，这是什么原因？

TM241 脉冲输出频率最大为 100K，如果设电子齿轮比的 10000 个脉冲电动机转一圈情况下，100K 的指令脉冲电动机转速为 600r/min。如果没有注意到 TM241 的 PLC 脉冲输出的频率限制，编程发送更高频率的脉冲就可能导致 PLC 实际输出脉冲异常。此时应降低电子齿轮比，比如 1000 个脉冲一圈就可以实现更高的转速了。

（四）学习结果评价

序号	评价内容	评价标准	评价结果
1	掌握下载程序到 PLC 中的操作，即在 ESME 软件中双击【MyController】，单击刷新图标，选中 TM241，双击将 PLC 名称变为黑体，单击登录图标，然后同时按 Alt 和 F 确认安全警告，弹出对话框提示用户管理功能没有激活，询问是否要激活，必须选择【是】，填写用户和密码后，在弹出的登录确认对话框中选择【是】，在下载项目提示对话框中也选择【是】，下载项目到 PLC 中	正确登录并下载程序到 PLC 中之后，在【设备树】中可以看到 PLC 已经连接，Application 也在运行，如下图  	
2	使用功能块 ReadActualPositin_PTO 读取实际位置值，随着时间的增长，跟踪的位置数值是增长的，时间 1 时的位置如下图 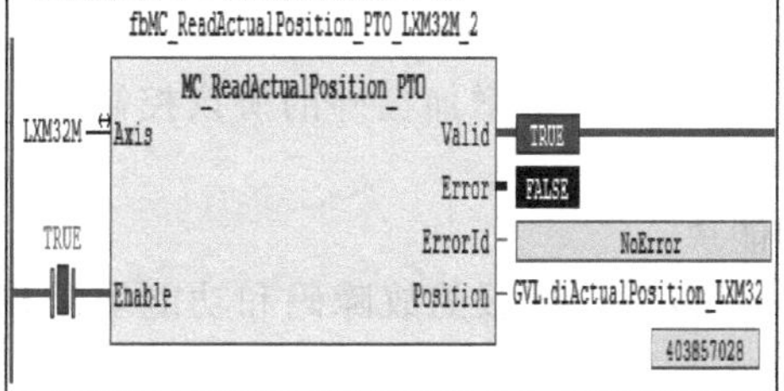 	随着时间的增长，跟踪的位置数值也是增长的，时间 2 的位置值大于时间 1 的位置值，时间 2 时的位置如下图 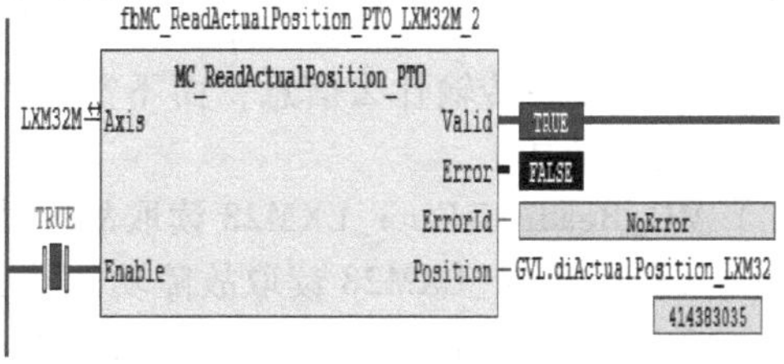 	
3	功能块默认的缓冲模式 mcAborting 的作用	功能块默认的缓冲模式 mcAborting 能够清除运动缓冲区，不需要缓冲直接开始下一个轴运动	

五、课后作业

（一）伺服系统按控制物理量可分为位置、速度和转矩三种方式。

（二）如果希望实现高速的转动例如 1500r/min 的转速，要将每转脉冲数至少到 4000 以下。

第4章
CAN总线伺服控制系统的典型应用

工作任务 4.1　单轴控制伺服系统的基础功能的实现

职业能力 4.1.1　新建项目实现 LXM28A 单轴控制伺服系统的使能和故障处理功能

一、核心概念

（一）PDO

过程数据对象（Process Data Object，PDO）是用来传输实时数据的，提供对设备应用对象的直接访问通道，它用来传输实时短帧数据，具有较高的优先权。PDO 传输的数据必须少于或等于 8 个字节，PDO 的 CAN 报文数据域中每个字节都用作数据传输。

每个 PDO 在对象字典中由两个对象描述：通信参数和映射参数。PDO 通信参数指明使用哪个 COB-ID、传输类型、禁用时间和定时时间；PDO 映射参数用于设定 PDO 报文中的数据的映射关系，确定要传输的数据在 CAN 报文数据域中的定位。该参数允许 PDO 的生产者和消费者知道正在传输什么信息，而不需要在 CAN 报文中增加额外的协议控制信息，使传输的效率达到最高。

（二）MC_ReadAxisError_LXM28 读取故障功能块

MC_ReadAxisError_LXM28 读取故障功能块，可以读取伺服的故障码和功能块出现的错误信息。MC_ReadAxisError_LXM28 输入引脚见表 4-1。

表 4-1　MC_ReadAxisError_LXM28 输入引脚描述

输入	数据类型	描述
Enable	BOOL	值范围：FALSE、TRUE 默认值：FALSE 输入 Enable 可启动或终止功能块的执行 FALSE：功能块的执行已终止。输出 Valid、Busy 和 Error 将被设置为 FALSE TRUE：功能块正在执行中。只要输入 Enable 被设置为 TRUE，功能块就会持续执行

MC_ReadAxisError_LXM28 输出引脚描述见表 4-2。

表 4-2　MC_ReadAxisError_LXM28 输出引脚描述

输出	数据类型	说明
Valid	BOOL	值范围:FALSE、TRUE 默认值:FALSE FALSE:执行尚未启动,或者已检出错误。输出处的值无效 TRUE:无检出错误时执行已完成。输出处的值有效,并可以进行进一步处理
Busy	BOOL	值范围:FALSE、TRUE 默认值:FALSE FALSE:功能块的执行尚未启动或尚未终止 TRUE:功能块正在执行中
Error	BOOL	值范围:FALSE、TRUE 默认值:FALSE FALSE:功能块的执行正在进行中,尚未检出错误 TRUE:已在执行功能块时检出错误
ErrorID	DWORD	值范围:0000 ... FFFFh 默认值:0000h 0:未存储检测到错误 >0:已存储检测到错误的编号 查看库诊断代码了解库的错误号描述

（三）MC_Reset_LXM28 故障复位功能块

MC_Reset_LXM28 故障复位功能块用于复位伺服和功能块出现的故障,复位功能块的输入引脚列表见表 4-3。

表 4-3　复位功能块的输入引脚列表

输入	数据类型	描述
Execute	BOOL	值范围:FALSE、TRUE 默认值:FALSE 输入 Execute 的上升沿启动功能块。功能块运行后,功能块的输出 Busy 设置为 TRUE 只有 Execute 的出现新的上升沿,功能块才能再次执行 FALSE:如果 Execute 被设置为 FALSE,输出 Done、Error 或 CommandAborted 将只接通一个周期 TRUE:如果 Execute 被设置为 TRUE,输出 Done、Error 或 CommandAborted 仍将被设置为 TRUE

复位功能块的输出引脚列表见表 4-4。

表 4-4　复位功能块的输出引脚列表

输出	数据类型	描述
Done	BOOL	值范围:FALSE、TRUE 默认值:FALSE FALSE:执行尚未启动,或者已检出错误 TRUE:无检出错误时执行终止

（续）

输出	数据类型	描述
Busy	BOOL	值范围：FALSE、TRUE 默认值：FALSE FALSE：功能块的执行尚未启动或尚未终止 TRUE：功能块正在执行中
Error	BOOL	值范围：FALSE、TRUE 默认值：FALSE FALSE：功能块的执行正在进行中，尚未检出错误 TRUE：已在执行功能块时检出错误

二、学习目标

（一）掌握 CAN 通信检查动作的创建和程序编制。

（二）学会伺服控制项目中使能的含义和使能功能块的调用。

三、基本知识

（一）组建单轴伺服的 CAN 总线的使能和故障处理功能的项目

M241 实验台配置了 1 套 TM241CEC24T 扩展系统和 3 台 LXM28A 伺服驱动器，采用 CAN 总线来控制 LXM28A 伺服驱动器。参照 2.1.2 和 2.1.3 中的方法创建名称为【M241+ LXM28A 控制系统的使能和故障处理功能】的新项目，编程语言为 CFC。

在 IO_Bus 下添加 TM3 模块，包括逻辑输出模块 TM3DQ16R、安全模块 TM3SAC5R、 TM3 总线发送模块 TM3XTRA1、TM3 总线接收模块 TM3REC1、逻辑输入模块 TM3DI16、逻辑输出模块 TM3DQ16R。

首先添加 CAN 主站，单击【设备】→【CAN_1】 ➕，在弹出来的【添加设备】界面中，单击【CANopen_Performance】→【添加设备】，单击【设备树】→【CANopen_Performance】，鼠标右键选择【添加设备…】，也可以单击【设备树】，在【CANopen_Performace…】处鼠标右键单击+，在弹出来的【添加设备…】界面中，选择【Lexium】添加 LXM28A 的从站。

设置 CAN 总线的波特率，双击【CAN_1】，然后在【波特率（位/秒）】中设为 1000000，如图 4-1 所示。

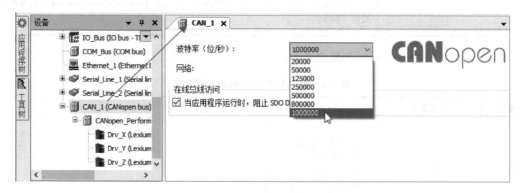

图 4-1　设置 CANopen 总线的波特率为 1000000

双击 CANopen 的从站，在【概述】下设定从站地址，【Drv_X】的【节点 ID】设为【1】，【Drv_Y】的【节点 ID】设为【2】，【Drv_Z】的【节点 ID】设为【3】，如图 4-2 所示。

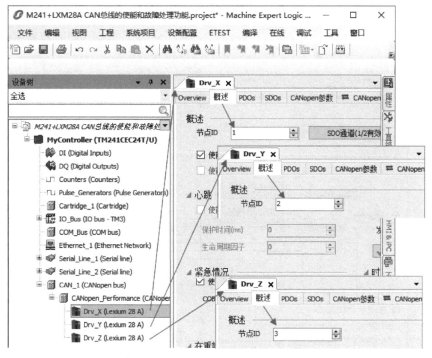

图 4-2　从站地址的设置

（二）FB_Node_GetState 功能块

参照 2.1.2 中的内容，创建 POU 用来检查从站通信的状态，名称为【FB_Node_Get-State】功能块，点选 FB 功能块，编程语言为 CFC，创建过程如图 4-3 所示。

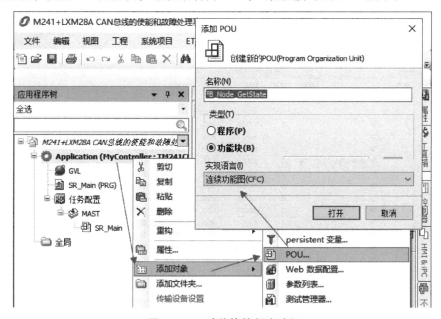

图 4-3　FB 功能块的创建过程

在功能块的局部变量区域声明局部变量，将 uiNeWorkNo 声明为 CANopen 通信网络，CIA405.GET_STATE 功能块用于检测 CAN 网络从站是否处于正常工作状态，如图 4-4 所示。

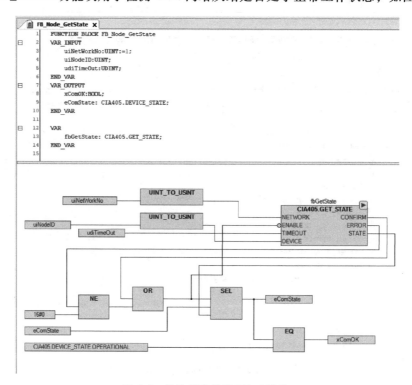

图 4-4　从站状态检查 FB 功能块

（三）M241 本体的输入和输出变量

在 ESME 软件的【设备】下，单击【DI】，创建 M241 本体的输入变量，完成的 DI 变量表如图 4-5 所示。

变量	映射	通道	地址	类型	描述
⊟ 📁 输入					
⊟		IW0	%IW0	WORD	
		I0	%IX0.0	BOOL	
		I1	%IX0.1	BOOL	快速输入，漏极/源极
		I2	%IX0.2	BOOL	快速输入，漏极/源极
xDoorSafety	🖐	I3	%IX0.3	BOOL	快速输入，漏极/源极
		I4	%IX0.4	BOOL	快速输入，漏极/源极
		I5	%IX0.5	BOOL	快速输入，漏极/源极
		I6	%IX0.6	BOOL	快速输入，漏极/源极
		I7	%IX0.7	BOOL	快速输入，漏极/源极
		I8	%IX1.0	BOOL	常规输入，漏极/源极
		I9	%IX1.1	BOOL	常规输入，漏极/源极
		I10	%IX1.2	BOOL	常规输入，漏极/源极
		I11	%IX1.3	BOOL	常规输入，漏极/源极
		I12	%IX1.4	BOOL	常规输入，漏极/源极
		I13	%IX1.5	BOOL	常规输入，漏极/源极
⊞ bDI_IB1	🖐	IB1	%IB2	BYTE	

图 4-5　DI 变量

在【设备树】→【DQ】的变量编辑器中编写 M241 本体的逻辑输出的变量，在通道【Q9】中添加变量【xSafety_Start】，如图 4-6 所示。

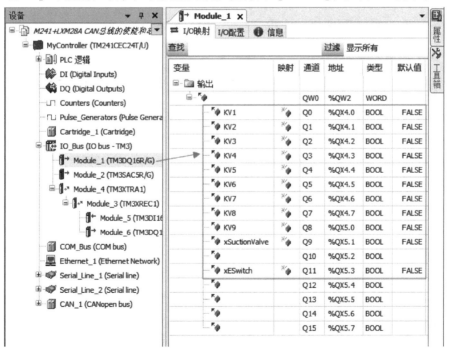

图 4-6　DQ 变量的添加

（四）TM3 扩展模块的变量

M241 的 TM3 扩展系统的第 1 个扩展模块【Module_1】的变量在 ESME 软件的【设备】→【IO_Bus】下进行声明，声明变量的默认值都为【FALSE】，如图 4-7 所示。

图 4-7　扩展输出模块 Module_1 的变量

扩展输入模块 Module_5 的变量，如图 4-8 所示。

M241 的 TM3 扩展输出模块 Module_6 的变量在 ESME 软件的【设备】→【IO_Bus】下进行声明，如图 4-9 所示。

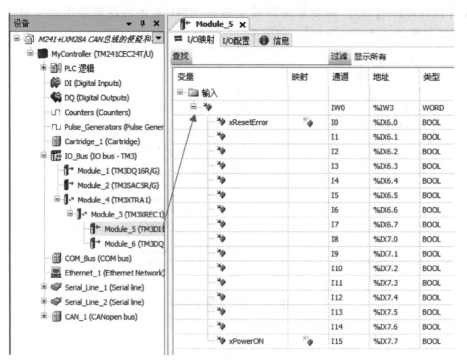

图 4-8　扩展输入模块 Module_5 的变量

图 4-9　扩展输出模块 Module_6 的变量

（五）GVL 变量

单击【应用程序树】→【GVL】，创建功能块的全局变量，如图 4-10 所示。

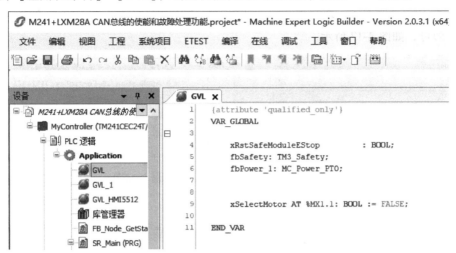

图 4-10　GVL 全局变量

右键单击【Application】→【添加变量】，选择【全局变量列表】，创建新的变量列表【GVL_HMI5512】，并在里面编写和 HMI5512 有关的变量，如图 4-11 所示。

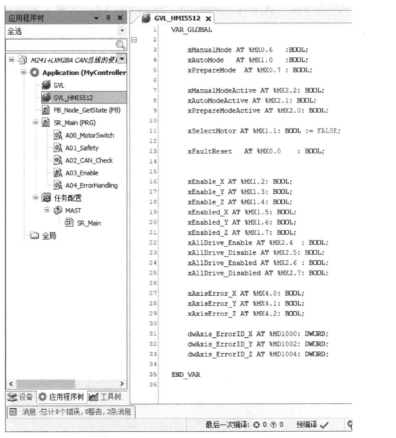

图 4-11　GVL_HMI5512 全局变量

（六）A00_MotorSwitch 和 A01_Safety 动作

创建柜内、柜外电机的切换动作【A00_MotorSwitch】和【A01_Safety】安全模块，这两个 ACT 动作的程序与 3.1.1 项目中一致，读者可以直接复制两个功能块，在【SR_Main】上进行粘贴即可，如图 4-12 所示。

图 4-12　粘贴创建 A00 和 A01

（七）A02_CAN_Check 动作

创建通信检查的 ACT 动作，名称为【A02_CAN_Check】，调用自定义 Node_GetState 功能块，在 SR_Main 中声明变量，其中【xCommunicatioRready_X】，代表 X 轴通信准备好，在程序中为功能块的输出连接这个变量，连接过程和【SR_Main】中声明的变量如图 4-13 所示。

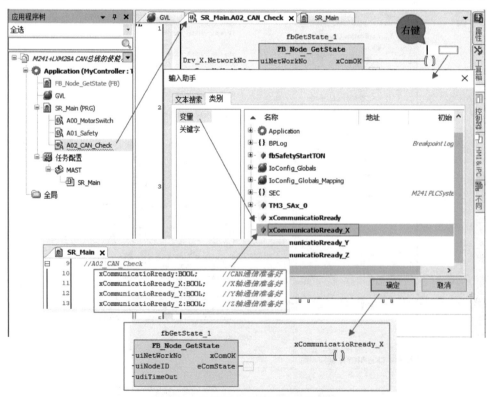

图 4-13　X 轴通信准备好的变量连接

A02 动作程序是检查 3 个伺服轴的通信状态是否已经进入正常运行状态，3 个伺服通信都正常后将通信正常的标志位 xComOK 输出为真，作为功能块调用的前提条件，避免功能块运行出错。通信检查动作中的程序如图 4-14 所示。

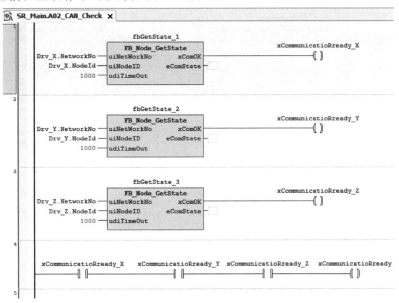

图 4-14　通信检查动作中的程序

（八）A03_Enable 动作

创建 ACT 动作，名称为【A03_Enable】，CFC 编程语言，程序首先检查通信正常标志，如果 3 个伺服没有进入到 operational 状态，则执行 RETURN，返回不执行后面的程序，然后在触摸屏上分别给出 3 个伺服轴的使能指令，在动作中调用 SEM_LXM28.MC_Power_LXM28 功能块给 3 个 LXM28A 伺服驱动器的轴分别加上使能，使用 AND 指令使 3 个伺服都使能后输出 GVL_HMI5512.xAllDrive_Enabled，即所有伺服都已经加上了使能信号，这个信号作为后面准备模式启动的前提条件之一，程序如图 4-15 所示。

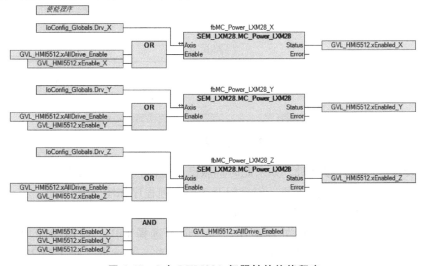

图 4-15　3 个 LXM28A 伺服轴的使能程序

程序中调用 SEM_LXM28. MC_ReadStatus_LXM28 功能块读取轴的状态，功能块的实例在 SR_Main 里声明，读轴状态的程序编制如图 4-16 所示。

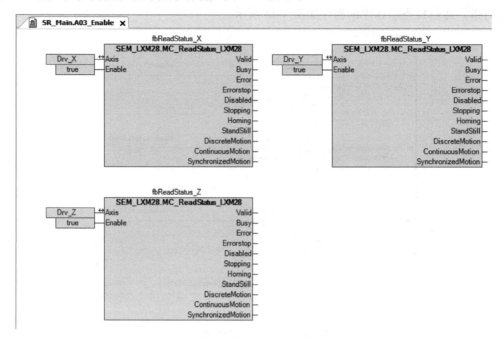

图 4-16　读轴状态的程序编制

只有在伺服轴处于静止状态 standstill 时，才能使用触摸屏的全部伺服去使能按钮，3 台伺服的去使能程序，如图 4-17 所示。

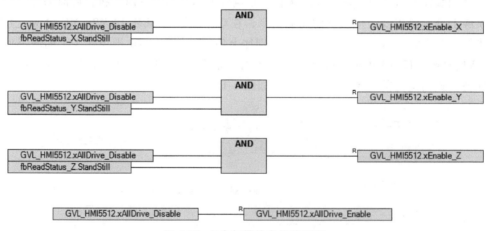

图 4-17　3 台伺服的去使能程序

如果出现安全门打开报警时，如果此时伺服已上使能，程序调用 MC_Stop 功能块实现 3 台 LXM28A 伺服驱动器的快速停止，安全门开关的处理程序如图 4-18 所示。

（九）A04_ErrorHandling 创建故障处理动作

A04_ErrorHandling 创建故障处理动作，编程语言选择 FBD。调用功能块 MC_ReadAxisError_LXM28，并在 SR_Main 里声明功能块的实例名称，来读取 3 个 LXM28A 伺服驱动器的故障码，程序如图 4-19 所示。

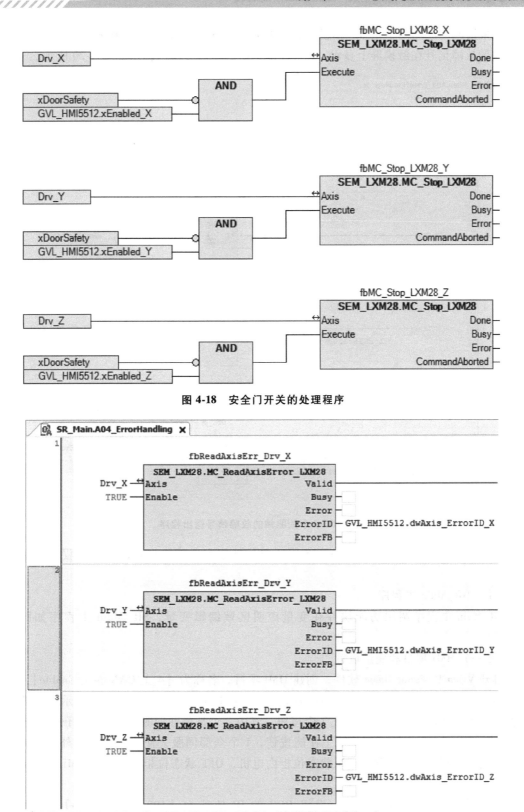

图 4-18 安全门开关的处理程序

图 4-19 读取 3 个 LXM28A 伺服驱动器的故障码程序

如果读回的故障码不是 0，则说明该轴伺服处于故障状态，输出该轴故障信号，X、Y 和 Z 轴的故障信号在触摸屏上显示，3 个伺服轴的故障信号输出程序如图 4-20 所示。

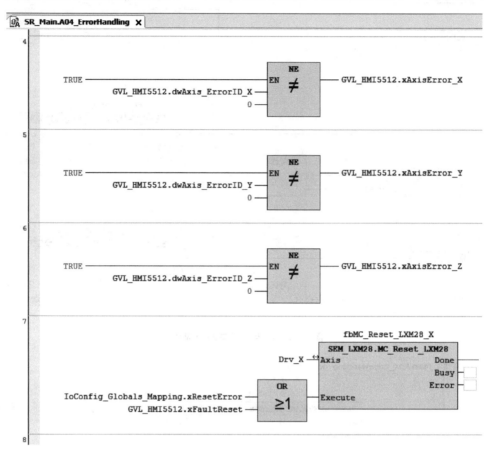

图 4-20　3 个伺服轴的故障信号输出程序

复位故障功能块 MC_Reset_LXM28 用于复位伺服和功能块出现的故障，程序如图 4-21 所示。

（十）SR_Main 主程序

SR_Main 主程序调用功能块并在变量声明区域编辑变量，SR_Main 主程序如图 4-22 所示。

（十一）HMI 项目和变量设置

打开 Vijeo Designer Basic 软件，创建 HMI 项目，名称为【4_1_CANopen_Enable】，创建基本界面 1，名称为【CANopen 运行模式】，在界面中为 3 个轴的故障设置指示灯和 3 个伺服轴的已上使能的指示灯，再设置 7 个按钮，其中 3 个是单轴伺服的加上/断开使能按钮，1 个是故障复位按钮，1 个全部伺服上使能按钮，1 个全部伺服去使能按钮，另外，柜内外伺服电动机的选择开关的标签在 ON 状态位柜内电机，OFF 状态位柜外电机，HMI 基本界面如图 4-23 所示。

双击【ModbusEquipment01】，设置 PLC 的 IP 地址为【192.168.100.10】，如图 4-24 所示。

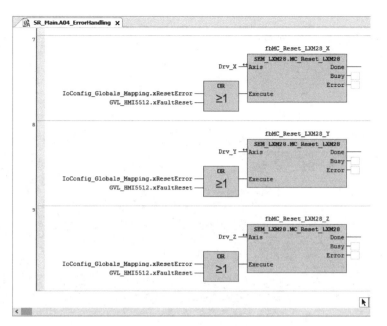

图 4-21　程序

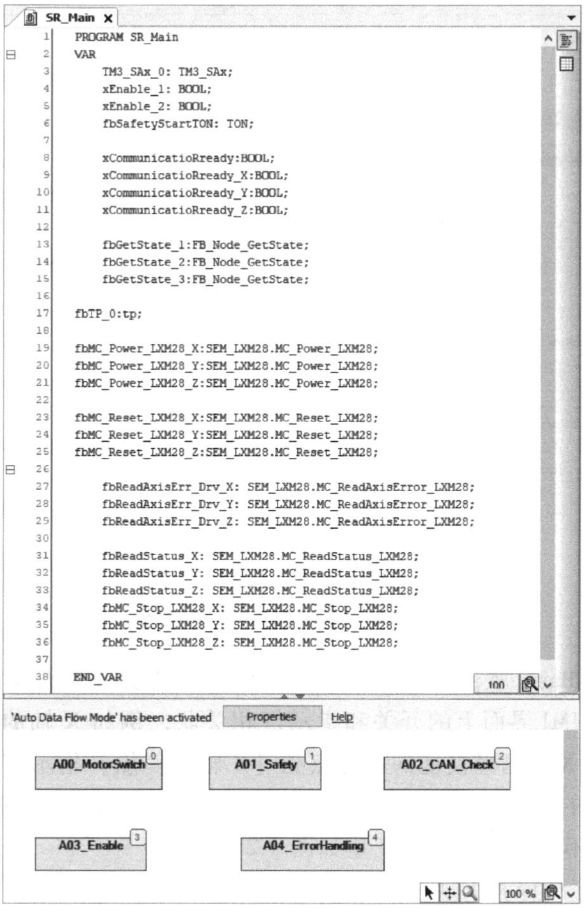

图 4-22　SR_Main 主程序

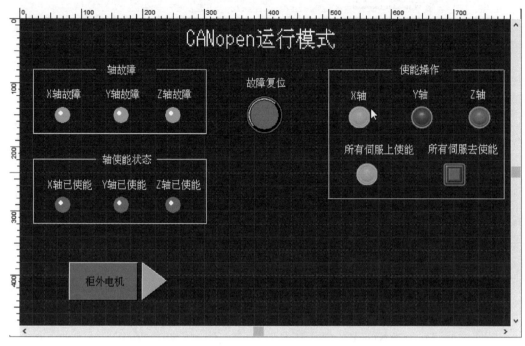

图 4-23　HMI 基本界面

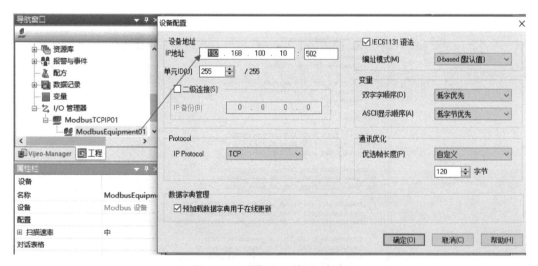

图 4-24　设置 PLC 的 IP 地址

在 Vijeo Designer Basic 软件中，双击【工程】下的【变量】新建 HMI 变量，数据源选择【外部】，变量与 HMI 界面上的开关和指示灯相关联，例如 X 轴的使能开关连接的变量为 Enable_X，使能后 X 轴已经使能的状态点亮【X 轴已使能】指示灯，连接的变量是 Enabled_X，对应的 PLC 的设备地址为%MW0：X13，界面中的其他开关和指示灯连接的变量与此类似，篇幅有限，不再详述，HMI 变量如图 4-25 所示。

（十二）HMI 程序编译和下载

在【生成】菜单中，选择验证【验证目标】，没有错误后选择【生成目标】。

	名称	数据类型	数据源	扫描组	设备地址	报警组
1	AxisErr_X	BOOL	外部	ModbusEquip...	%MW2:X0	禁用
2	AxisErr_Y	BOOL	外部	ModbusEquip...	%MW2:X1	禁用
3	AxisErr_Z	BOOL	外部	ModbusEquip...	%MW2:X2	禁用
4	Enable_All	BOOL	外部	ModbusEquip...	%MW1:X4	禁用
5	Disable_All	BOOL	外部	ModbusEquip...	%MW1:X5	禁用
6	Enable_X	BOOL	外部	ModbusEquip...	%MW0:X10	禁用
7	Enable_Y	BOOL	外部	ModbusEquip...	%MW0:X11	禁用
8	Enable_Z	BOOL	外部	ModbusEquip...	%MW0:X12	禁用
9	Enabled_X	BOOL	外部	ModbusEquip...	%MW0:X13	禁用
10	Enabled_Y	BOOL	外部	ModbusEquip...	%MW0:X14	禁用
11	Enabled_Z	BOOL	外部	ModbusEquip...	%MW0:X15	禁用
12	resetErr	BOOL	外部	ModbusEquip...	%MW0:X0	禁用
13	SelectMotor	BOOL	外部	ModbusEquip...	%MW0:X9	禁用

图 4-25　HMI 变量

如果触摸屏 GXU5512 已经下载了项目程序，需双手同时按屏幕的两个对角进入设置界面，选择【脱线】下的【网络】，进入网络配置界面如图 4-26 所示。

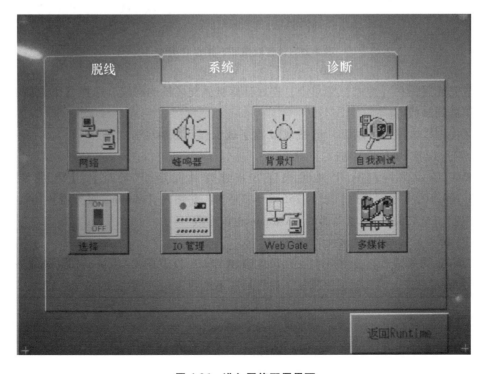

图 4-26　进入网络配置界面

在随后的对话框中，确认退出用户程序和 Runtime。

然后设置触摸屏的【静态 IP】界面中设置【IP 地址 192.168.100.30】，【子网掩码】为【255.255.255.0】。

设置完成后，按【返回 Runtime】，在确认界面中选择【确定】，让设置生效。

在 HMI 配置中设置下载的触摸屏【IP 地址为 192.168.100.30】，如图 4-27 所示。

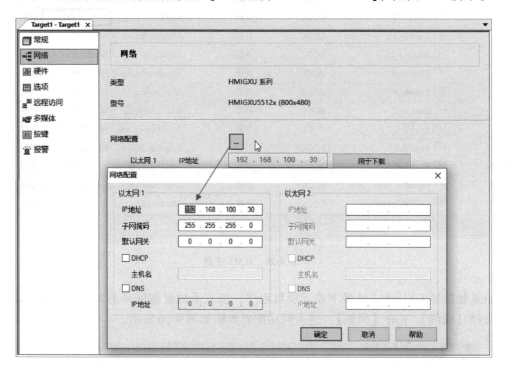

图 4-27　设置触摸屏下载的 IP 地址

设置完成后，在【生成】菜单中，连好计算机到交换机的网线，选择【下载所有目标】将工程下载到触摸屏。

除了使用以太网还可以用 USB 线或 U 盘下载工程到触摸屏。

（十三）设置 PLC 以太网口

将 PLC 的以太网口的 IP 地址设定方式选择【固定 IP 地址】，【IP 地址】设为 192.168.100.10，【子网掩码】设为 255.255.255.0，并加入【Modbus 服务器】协议。

（十四）LMX28A 伺服驱动器的 CANopen 通信参数

1. P3-05 CANopen 从站地址

CANopen 的从站地址必须是唯一的并且应和 ESME 设置的 CANopen 节点地址一致，不能与 CANopen 总线上的其他伺服重复，设置后应断电再上电才能生效。

2. P3-01 波特率

在 P3-01 的百位设置 CANopen 的波特率，必须和主轴的 CANopen 的总线波特率一致，设置后应断电再上电才能生效。例如 CANopen 主站波特率是 1Mbit/s，只需要将 P3-01 设为 402，P3-01 参数设置说明如图 4-28 所示。

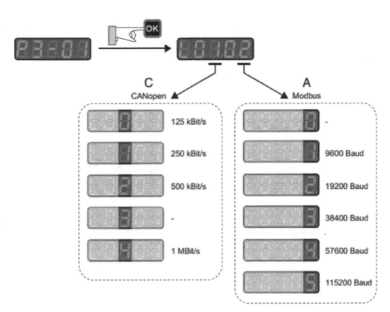

图 4-28 P3-01 的参数设置

四、能力训练

（一）操作条件

1. 实验环境的要求：通风良好，温度为 15～35℃，相对湿度为 20%～90%，照度为 200～300lx，无易燃、易爆及腐蚀性气体或液体，无导电性粉尘和杂物。

2. 实验室的要求：应有安全用具、防护用具和消防器材等。

3. 实验台的要求：实验台与电气系统设计相一致，电控柜接地良好，电机绝缘良好，设备元器件齐全，无脱线现象。实验台稳固，台面清洁。

4. 工具和仪器仪表的要求：符合装备和调试的常用工具和仪器仪表。定期检查、清洁以保证其性能良好。

5. 操作计算机的要求：操作系统安装完成后，PC 网口或 USB 端口能够正常工作。

（二）安全及注意事项

1. 实验台设备应符合 IEC 61508-2—2010 标准，即符合电气/电子/可编程电子安全相关系统的要求。实验人员必须严格执行国家的安全作业规定。

2. 操作人员必须具备必要的电工知识，熟悉供电系统和各种电气设备的性能和操作方法，还应具备在异常情况下采取相应措施的处理能力。

3. 实验期间禁止乱放、乱拉和乱接电线电缆。

4. 在进行供电与停电操作及相关的电气实验操作时，必须穿戴合格的绝缘手套和绝缘鞋，必须按照正确的顺序进行操作。

5. 接线作业完成后，经实验室教师复核同意后方可进行通电，或电气实验操作；实验操作分为两组人员，一组做实验，另一组进行安全监控，实验的所有进程都应有教师的监督和指导。

6. 实验结束后，恢复实验设备至初始状态，清理台面，并将工具和仪器仪表归位。

（三）操作过程

序号	步骤	操作方法及说明	质量标准
1	创建新的全局变量列表 GVL_1	掌握右键单击【Application】，选择【全局变量列表】创建新的变量列表，添加对象的操作流程，如下图 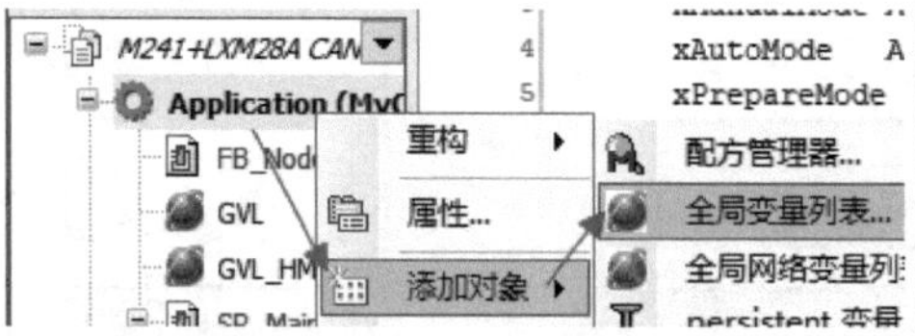	创建新的变量列表【GVL_1】后，完成图如下图 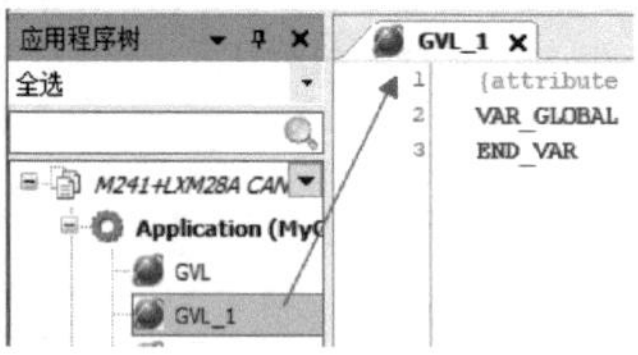
2	说明功能块 MC_ReadAxisError_LXM28 在程序中的作用	掌握在程序中调用功能块 MC_ReadAxisError_LXM28 是可以读取伺服的故障码和功能块出现的错误信息	编程时，读取伺服故障码和功能块出现的错误信息时，会调用功能块 MC_ReadAxisError_LXM28 来完成
3	能说出动作中 X 轴使能 SEM_LXM28. MC_Power_LXM28 功能块声明的功能块实例名称	掌握功能块实例名称声明的位置是在功能块的上方	能给出 X 轴使能功能块的实例名称是 fbMC_Power_LXM28_X
4	OR 指令在 A04 动作程序中的作用	在 A04 动作中，OR 指令有两个输入，即触摸屏的变量和 Module_5 上 IO 的拨钮开关，这两个变量中任何一个变量的上升沿都可以启动复位故障功能块	能够掌握按下触摸屏上的按钮，或者将 Module_5 上 IO 的拨钮开关拨上，都可以启动复位故障功能块 MC_Reset_LXM28 复位故障

问题情境：

LXM28A 伺服驱动器固件版本 1.75.28 上电后出现警告 WN752 是什么原因，如何调整？

LXM28A 伺服驱动器从 1.75.27 版本新增了一个编码器滤波功能，这个滤波功能可以减小编码器反馈的跳动。如果电机的编码器固件无此功能，则伺服驱动器上电后报 WN752，解决方法是将参数 P8-71 设置为 0。

（四）学习结果评价

序号	评价内容	评价标准	评价结果
1	NE 指令的含义	NE 不等于指令	
2	SEM_LXM28. MC_Power_LXM28 功能块的作用	SEM_LXM28. MC_Power_LXM28 功能块是使能功能块	
3	能说出使能 A03 动作中 ADD 指令的输入变量	掌握 A03 动作中 ADD 有 3 个输入变量，即 xEnable_X、xEnable_Y 和 xEnable_Z	

五、课后作业

（一）在本节的动作中，调用功能块给 LXM28A 伺服驱动器的轴加使能。

（二）在 FB_Node_GetState 中，CIA405. GET_STATE 功能块用于检测 CAN 网络是否处于正常的工作状态。

（三）CANopen 主站波特率是 Kbit/s，需要将 P3-01 设为 202。

职业能力 4.1.2　编程实现轴伺服回原点功能的控制

一、核心概念

（一）SDO

SDO（Service Data Object，服务数据对象），客户端 Client 可以通过 SDO 读写服务器 Server 里的（Object Dictionary，对象字典）简称 SDO。

SDO 可以在伺服或变频器的上电初始化过程中，对伺服或变频器的内部参数进行设置，例如，伺服运动的加减速或者位置比例关系等。

也可以在伺服运行中调用 SDO 功能块读写伺服驱动器的参数，因为 CANopen 的带宽限制，只在必要时，才使用 SDO 功能块。

（二）机器的工作模式

工业机器最常见的工作模式分为自动模式和手动模式。

设备的自动模式一般用于生产线的自动连续作业。

设备的手动模式主要用于程序调试、设备测试，在手动模式下，可以进行设备运行的简单测试，运行速度一般比较低。

设备的准备模式主要用于伺服电动机的回原点，确认和准备机器的水、液、电、压缩空气等生产必要的条件。

有些设备还有自己的特殊模式，例如设备维护模式等。

二、学习目标

（一）学习 SDO 的参数配置方式。

（二）掌握 CAN 通信检查动作的创建和程序编制。

（三）学会伺服控制项目中回原点的含义和实现方法。

（四）掌握跟踪的方法，调试程序。

三、基本知识

（一）在 SDO 配置每圈脉冲数和加减速度

在驱动器的 SDO 的配置中，逐一加入每圈脉冲数 5000，参数索引为 16#6092，子索引为 1；加速度为 2500000，参数索引为 16#6083，子索引为 0；减速度为 2500000，参数索引为 16#6083，子索引为 0；急停减速度为 25000000，参数索引为 16#6085 子索引为 0。

值得注意的是，加速度、减速度和急停减速度的设置应在每圈脉冲输出值后面设置，否则设置的加减速不是期望的数值。

CANopen 下的加速度参数 16#6083 与加速时间参数 P1-34 的对应关系有如下公式：$0x6083 = 6000000 * 每圈脉冲数/(P1.34 * 60)$，例如，希望从 0 加速到 6000r/min 的时间为 200ms，每圈对应脉冲为 5000，所以加速度参数应设为 416，666.67。

CANopen 下的减速度参数 16#6084 与减速时间 P1-35 有类似的对应关系，不再赘述。

（二）MC_Home_LXM28 功能块

MC_Home_LXM28 功能块命令轴执行【搜索原点】伺服电动机动作顺序。回原点模式、回原点高速和回原点低速通过功能块的参数进行设置。功能块启动前，轴必须处于静止"Standstill"状态，否则功能块报错。MC_Home 的功能块的输入引脚见表 4-5。

表 4-5　MC_Home 的功能块的输入引脚

输入	数据类型	描述
Execute	BOOL	值范围：FALSE、TRUE 默认值：FALSE 输入 Execute 的上升沿启动功能块。功能块运行后，且功能块的输出 Busy 设为 TRUE 只有 Execute 的出现新的上升沿，更改的位置和速度给定值才能更新。当功能块处于执行状态中时，输入 Execute 处的上升沿将被忽略 FALSE：如果 Execute 被设置为 FALSE，输出 Done、Error 或 CommandAborted 将被设置为 TRUE 并持续一个周期 TRUE：如果 Execute 被设置为 TRUE，输出 Done、Error 或 CommandAborted 仍将被设置为 TRUE
Position	DINT	值范围：−2147483648…2147483647 默认值：0 处于单元用户定义位置的位置 对于 HomingMode 1…34：参考点位置 对于 HomingMode 35：用于位置设置的位置
HomingMode	UINT	值范围：1…35 默认值：1 注意：对于方法 1、2、7…14、17、18 和 23…30，限位开关必须分配至数字信号输入
VHome	DINT	值范围：1…2147483647 默认值：1280000 处在单元用户定义速度的搜索开关的目标速度 仅针对 HomingMode 1…34
VOutHome	DINT	值范围：1…2147483647 默认值：128000 处在单元用户定义速度的远离开关的目标速度 仅针对 HomingMode 1…34

回原点的输出引脚见表 4-6。

表 4-6　MC_Home_LXM28 的输出引脚

输出	数据类型	描述
Busy	BOOL	值范围：FALSE、TRUE 默认值：FALSE FALSE：功能块的执行尚未启动或尚未终止 TRUE：功能块正在执行中
CommandAborted	BOOL	值范围：FALSE、TRUE 默认值：FALSE FALSE：执行尚未中止 TRUE：执行已被另一个功能块所中止

（续）

输出	数据类型	描述
Error	BOOL	值范围：FALSE、TRUE 默认值：FALSE FALSE：功能块的执行正在进行中，尚未检出错误 TRUE：已在执行功能块时检出错误
Done	BOOL	值范围：FALSE、TRUE 默认值：FALSE FALSE：执行尚未启动，或者已检出错误 TRUE：无检出错误时执行终止

输入输出引脚见表4-7。

表4-7　输入输出引脚

输入/输出	数据类型	描述
Axis	Axis_Ref_LXM28	填入要控制的 LXM28 伺服驱动器的轴名称，轴名称在设备树中可以找到

（三）MC_SetPosition_LXM28

执行 MC_SetPosition_LXM28 功能块启动前，轴必须处于静止"Standstill"状态，否则功能块报错。功能块执行后，将 Position 引脚的位置值设到伺服电动机位置，伺服轴也就获得了有效零点。MC_SetPosition_LXM28 的引脚说明见表4-8。

表4-8　MC_SetPosition_LXM28 的引脚说明

输入	数据类型	描述
Execute	BOOL	值范围：FALSE、TRUE 默认值：FALSE 输入 Execute 的上升沿启动功能块。功能块运行后，且功能块的输出 Busy 设置为 TRUE 只有 Execute 出现新的上升沿，更改的位置才能更新 FALSE：如果 Execute 被设置为 FALSE，输出 Done、Error 或 CommandAborted 将被设置为 TRUE 并持续一个周期 TRUE：如果 Execute 被设置为 TRUE，输出 Done、Error 或 CommandAborted 仍将被设置为 TRUE
Position	DINT	值范围：−2147483648…2147483647 默认值：0 处于单元用户定义位置的位置设置值
Relative	BOOL	值范围：FALSE、TRUE 默认值：FALSE FALSE：实际位置已被设置为"位置"输入的值 TRUE："位置"输入的值已被添加至实际位置

功能块的输出引脚和 Axis 输入输出引脚与 MC_Home_LXM28 一致，这里不再赘述。

（四）MC_ReadAxisInfo_LXM28 功能块

MC_ReadAxisInfo_LXM28 功能块用来读伺服轴的信息，包括正限位和负限位的状态、通信准备好标志、准备好使能标志位、已经使能、回原点成功和轴的报警标志位。

MC_ReadAxisInfo_LXM28 功能块的输入引脚见表 4-9。

表 4-9　MC_ReadAxisInfo_LXM28 功能块的输入引脚

输入	数据类型	描述
Enable	BOOL	值范围：FALSE、TRUE 默认值：FALSE 输入 Enable 可启动或终止功能块的执行 °FALSE：功能块的执行已终止。输出 Valid、Busy 和 Error 将被设置为 FALSE °TRUE：功能块正在执行中。只要输入 Enable 被设置为 TRUE，功能块就会持续执行

MC_ReadAxisInfo_LXM28 功能块的输出引脚见表 4-10。

表 4-10　MC_ReadAxisInfo_LXM28 功能块的输出引脚

输出	数据类型	描述
Valid	BOOL	值范围：FALSE、TRUE 默认值：FALSE FALSE：执行尚未启动，或者已检出错误。输出处的值无效 TRUE：无检出错误时执行已完成。输出处的值有效，并可以进行进一步处理
Busy	BOOL	值范围：FALSE、TRUE 默认值：FALSE FALSE：功能块的执行尚未启动或尚未终止 TRUE：功能块正在执行中
Error	BOOL	值范围：FALSE、TRUE 默认值：FALSE FALSE：功能块的执行正在进行中，尚未检出错误 TRUE：已在执行功能块时检出错误
LimitSwitchPos	BOOL	值范围：FALSE、TRUE 默认值：FALSE TRUE：已触发正限位开关
LimitSwitchNeg	BOOL	值范围：FALSE、TRUE 默认值：FALSE TRUE：已触发负限位开关
CommunicationReady	BOOL	值范围：FALSE、TRUE 默认值：FALSE TRUE：网络已初始化，并已做好通信准备
ReadyForPowerOn	BOOL	值范围：FALSE、TRUE 默认值：FALSE TRUE：设备已准备好启用电源级
PowerOn	BOOL	值范围：FALSE、TRUE 默认值：FALSE TRUE：电源级已启用

（续）

输出	数据类型	描述
IsHomed	BOOL	值范围:FALSE、TRUE 默认值:FALSE TRUE:零点有效(轴已回归)
AxisWarning	BOOL	值范围:FALSE、TRUE 默认值:FALSE TRUE:已检测到报警

（五）组建单轴伺服回原点功能的项目

本项目的硬件配置和 CAN 总线组态与上一节的配置相同，即硬件配置为 TM241CEC24T、LXM28A 伺服驱动器、TM3 扩展模块，而使能和故障处理功能是伺服控制项目都应具备的功能，所以新建项目时，将在 4.1.1 小节的【M241+LXM28A 控制系统的使能和故障处理功能】进行扩展。

使用 ESME 软件【工程另存为……】功能创建新项目，名称为【M241+LXM28A 控制系统的回原点功能】。

（六）A05_Home 动作

创建回原点 ACT 动作，名称为 A05_Home，编程语言选择 CFC，创建过程如图 4-29 所示。

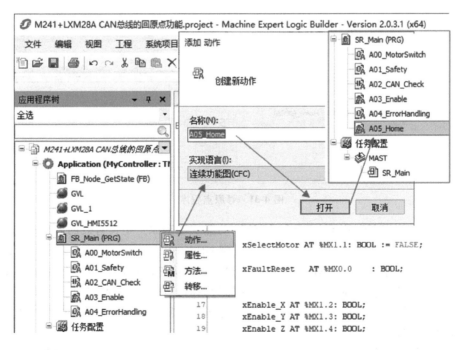

图 4-29　回原点动作的创建过程

（七）A05_Home 回原点的程序

程序首先检查通信正常标志，如果 3 个伺服没有进入 operational 状态，则执行 RETURN 指令，返回不执行后面的程序，如果自动模式和手动模式没有激活，在触摸屏上将准备模式开关按下后，激活准备模式激活标志位，并且将设备准备好标志位复位，这个标志位是自动模式启动的条件之一，Z 轴开始寻原点到位后，再开始同时将 X 和 Y 轴回原点，回原点检查程序如图 4-30 所示。

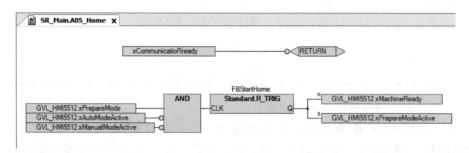

图 4-30　回原点检查程序

所有伺服上使能（GVL_HMI5512.xAllDrive_Enabled）后，LXM28A 伺服驱动器的回原点采用伺服 28 设备库中的 SEM_LXM28.MC_Home_LXM28 功能块来完成，LXM28A 伺服驱动器回原点方式采用 27，连接在功能块的 HomingMode 引脚上。从工艺上考虑，先将 Z 轴回原点后，机械手就会先抬到最高处，再将 X 轴和 Y 轴回原点，这样可以避免机械手在回原点移动过程时碰到机械手台面内的物体，寻原点程序如图 4-31 所示。

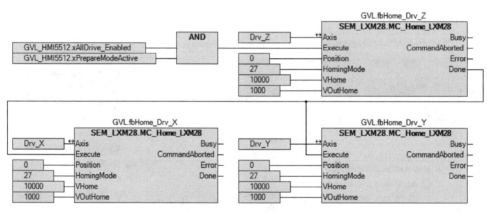

图 4-31　寻原点程序

在程序中，调用 MC_ReadAxisInfo_LXM28 功能块确定原点是否有效的方法是先调用 MC_ReadAxisInfo_LXM28 功能块，然后检查输出引脚 isHomed 的状态，如果为真则说明伺服已经建立有效原点。程序中使用 AND 指令将 ReadAxisInfo 功能块读取的 3 个伺服的 IsHomed 和 Valid（读取结果有效）的输出变量相与结果都为真时，代表轴回原点成功，使用上升沿功能块 R_TRIG 复位准备模式和准备模式激活，置位设备准备好标志位，为自动模式启动做好准备，读取伺服轴信息的程序如图 4-32 所示。

如果 3 个伺服轴其中有一个或以上出现回原点中断，则复位准备模式和准备模式激活标志，同时将设备准备好标志位复位为 False，回原点出错复位准备模式标志位如图 4-33 所示。

将回原点成功的信号送到全局变量中，用于 HMI 回原点状态的显示，3 个伺服轴回原点状态显示如图 4-34 所示。

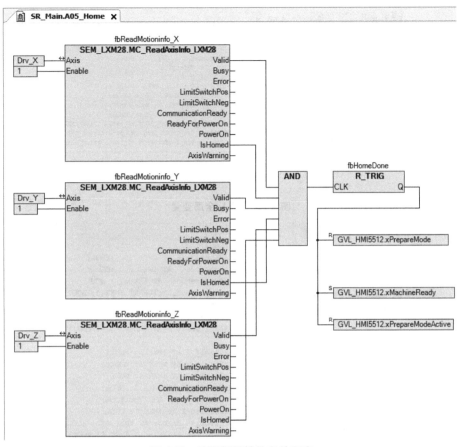

图 4-32　读取伺服轴信息的程序

图 4-33　回原点出错复位准备模式标志位

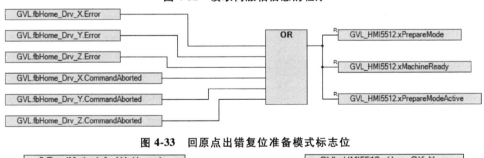

图 4-34　3 个伺服轴回原点状态显示

（八）变量创建

DI、DQ、Module_1、Module_5、Module_6 中的变量与上节相同，这里不再描述。

GVL 全局变量如图 4-35 所示。

GVL_HMI5512 中与回原点程序有关的全局变量，如图 4-36 所示。

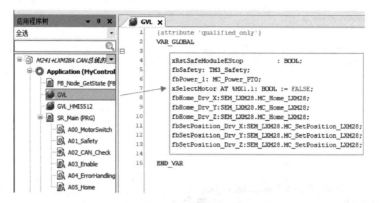

图 4-35 GVL 全局变量

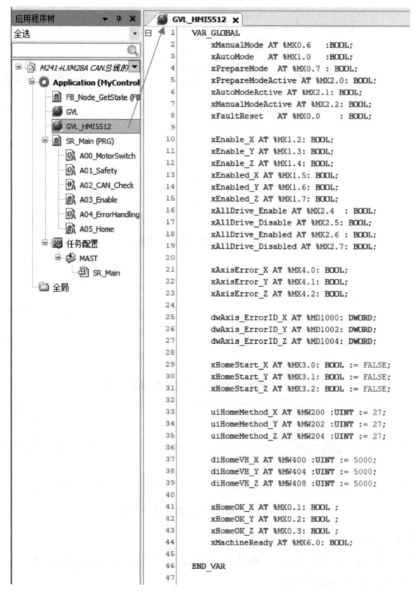

图 4-36 GVL_HMI5512 中与回原点程序有关的全局变量

（九）SR_Main 主程序

SR_Main 主程序调用所需的动作，并在变量声明区域编辑变量，如图 4-37 所示。

```
  SR_Main ✕
 1    PROGRAM SR_Main
 2    VAR
 3        TM3_SAx_0: TM3_SAx;
 4        xEnable_1: BOOL;
 5        xEnable_2: BOOL;
 6        fbSafetyStartTON: TON;
 7
 8        xCommunicatioRready:BOOL;
 9        xCommunicatioRready_X:BOOL;
10        xCommunicatioRready_Y:BOOL;
11        xCommunicatioRready_Z:BOOL;
12
13        fbGetState_1:FB_Node_GetState;
14        fbGetState_2:FB_Node_GetState;
15        fbGetState_3:FB_Node_GetState;
16
17    fbMC_Power_LXM28_X:SEM_LXM28.MC_Power_LXM28;
18    fbMC_Power_LXM28_Y:SEM_LXM28.MC_Power_LXM28;
19    fbMC_Power_LXM28_Z:SEM_LXM28.MC_Power_LXM28;
20
21    fbMC_Reset_LXM28_X:SEM_LXM28.MC_Reset_LXM28;
22    fbMC_Reset_LXM28_Y:SEM_LXM28.MC_Reset_LXM28;
23    fbMC_Reset_LXM28_Z:SEM_LXM28.MC_Reset_LXM28;
24
25    fbReadStatus_X: SEM_LXM28.MC_ReadStatus_LXM28;
26    fbReadStatus_Y: SEM_LXM28.MC_ReadStatus_LXM28;
27    fbReadStatus_Z: SEM_LXM28.MC_ReadStatus_LXM28;
28    fbHomeDone: R_TRIG;
29    FBStartHome:R_TRIG;
30    fbMC_Stop_LXM28_X: SEM_LXM28.MC_Stop_LXM28;
31    fbMC_Stop_LXM28_Y: SEM_LXM28.MC_Stop_LXM28;
32    fbMC_Stop_LXM28_Z: SEM_LXM28.MC_Stop_LXM28;
33
34    fbReadAxisErr_Drv_X: SEM_LXM28.MC_ReadAxisError_LXM28;
35    fbReadAxisErr_Drv_Y: SEM_LXM28.MC_ReadAxisError_LXM28;
36    fbReadAxisErr_Drv_Z: SEM_LXM28.MC_ReadAxisError_LXM28;
37
38    fbReadMotioninfo_X:SEM_LXM28.MC_ReadAxisInfo_LXM28;
39    fbReadMotioninfo_Y:SEM_LXM28.MC_ReadAxisInfo_LXM28;
40    fbReadMotioninfo_Z:SEM_LXM28.MC_ReadAxisInfo_LXM28;
41    END_VAR
```

Would you like to activate 'Auto Data Flow Mode'?   Configure   Help

| A00_MotorSwitch [0] | A01_Safety [1] | A02_CAN_Check [2] | A03_Enable [3] |

| A04_ErrorHandling [5] | A05_Home [4] |

图 4-37 SR_Main 主程序

（十）HMI 画面和变量

创建 HMI 项目，制作画面，创建【回原点成功】和轴【故障】指示灯，【模式激活】选用带灯按钮，【断开使能】选配不带灯开关，回原点项目的画面如图 4-38 所示。

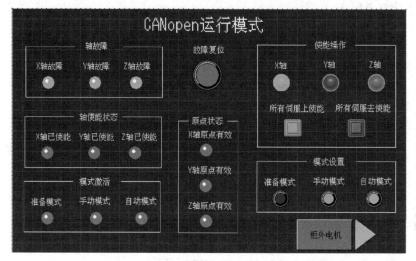

图 4-38　回原点项目的画面

在 Vijeo Designer Basic 软件中，双击【工程】下的【变量】新建 HMI 变量，如图 4-39 所示。其中，手动画面中模式设置下的【自动模式】开关的关联的变量是【AutoMode】，【数据类型】是【BOOL】型，【设备地址】是【%MW0：X8】，画面中其他开关和指示灯的关联的 HMI 变量与此类似，篇幅有限不再描述。

	名称	数据类型	数据源	扫描组	设备地址	报警组
1	AutoMode	BOOL	外部	ModbusEquip...	%MW0:X8	禁用
2	AutoModeActive	BOOL	外部	ModbusEquip...	%MW1:X1	禁用
3	AxisErr_X	BOOL	外部	ModbusEquip...	%MW2:X0	禁用
4	AxisErr_Y	BOOL	外部	ModbusEquip...	%MW2:X1	禁用
5	AxisErr_Z	BOOL	外部	ModbusEquip...	%MW2:X2	禁用
6	Disable_All	BOOL	外部	ModbusEquip...	%MW1:X5	禁用
7	Enable_All	BOOL	外部	ModbusEquip...	%MW1:X4	禁用
8	Enable_X	BOOL	外部	ModbusEquip...	%MW0:X10	禁用
9	Enable_Y	BOOL	外部	ModbusEquip...	%MW0:X11	禁用
10	Enable_Z	BOOL	外部	ModbusEquip...	%MW0:X12	禁用
11	Enabled_X	BOOL	外部	ModbusEquip...	%MW0:X13	禁用
12	Enabled_Y	BOOL	外部	ModbusEquip...	%MW0:X14	禁用
13	Enabled_Z	BOOL	外部	ModbusEquip...	%MW0:X15	禁用
14	homeOK_X	BOOL	外部	ModbusEquip...	%MW0:X1	禁用
15	homeOK_Y	BOOL	外部	ModbusEquip...	%MW0:X2	禁用
16	homeOK_Z	BOOL	外部	ModbusEquip...	%MW0:X3	禁用
17	manualMode	BOOL	外部	ModbusEquip...	%MW0:X6	禁用
18	manualModeActive	BOOL	外部	ModbusEquip...	%MW1:X2	禁用
19	PrepareMode	BOOL	外部	ModbusEquip...	%MW0:X7	禁用
20	PrepareModeActive	BOOL	外部	ModbusEquip...	%MW1:X0	禁用
21	resetErr	BOOL	外部	ModbusEquip...	%MW0:X0	禁用
22	SelectMotor	BOOL	外部	ModbusEquip...	%MW0:X9	禁用

图 4-39　触摸屏使用的变量

四、能力训练

（一）操作条件

1. 实验环境的要求：通风良好，温度为 15～35℃，相对湿度为 20%～90%，照度为 200～300lx，无易燃易爆及腐蚀性气体或液体，无导电性粉尘和杂物。

2. 实验室的要求：应有安全用具、防护用具和消防器材等。

3. 实验台的要求：实验台与电气系统设计相一致，电控柜接地良好，电机绝缘良好，设备元器件齐全，无脱线现象。实验台稳固，台面清洁。

4. 工具和仪器仪表的要求：符合装备和调试的常用工具和仪器仪表。定期检查、清洁以保证其性能良好。

5. 操作计算机的要求：操作系统安装完成后，PC 网口或 USB 端口能够正常工作。

（二）安全及注意事项

1. 实验台设备应符合 IEC 61508-2—2010 标准，即符合电气/电子/可编程电子安全相关系统的要求。实验人员必须严格执行国家的安全作业规定。

2. 操作人员必须具备必要的电工知识，熟悉供电系统和各种电气设备的性能和操作方法，还应具备在异常情况下采取相应措施的处理能力。

3. 实验期间禁止乱放、乱拉和乱接电线电缆。

4. 在进行供电与停电操作及相关的电气实验操作时，必须穿戴合格的绝缘手套和绝缘鞋，必须按照正确的顺序进行操作。

5. 接线作业完成后，经实验室教师复核同意后方可进行通电，或电气实验操作；实验操作分为两组人员，一组做实验，另一组进行安全监控，实验的所有进程都应有教师的监督和指导。

6. 实验结束后，恢复实验设备至初始状态，清理台面并将工具和仪器仪表归位。

（三）操作过程

序号	步骤	操作方法及说明	质量标准
1	能够说出 MC_Home_LXM28 功能块输入引脚 Execute 的数据类型	掌握 MC_Home_LXM28 功能块输入引脚 Execute 的数据类型是 Bool 型	编程时，知道为调用的 MC_Home_LXM28 功能块输入引脚 Execute 连接 Bool 型的变量
2	SDO 的作用	掌握 SDO 在伺服或变频器的上电初始化过程中，能对伺服或变频器的内部参数进行设置	掌握 SDO 在伺服或变频器的上电初始化过程中，能对伺服或变频器的内部参数进行设置，例如，伺服运动的加减速或者位置比例关系等
3	会为 MC_Home_LXM28 功能块的 Axis 引脚关联对应的伺服轴	掌握 MC_Home_LXM28 功能块的 Axis 引脚连接的变量类型是 Axis_Ref_LXM28，连接对应的伺服轴名称	为 MC_Home_LXM28 功能块的 Axis 引脚关联伺服轴时，掌握找到 LXM28 伺服驱动器的轴名称在设备树中的方法

问题情境：

LXM28A 伺服驱动器回原点时，通过 ReadAxisError 读回的 ErrorID 是 75，故障原因是什么？

故障码 75 的含义是无效的回原点模式，应检查是否使用了 LXM28 伺服驱动器不支持的回原点方式，另外，回原点模式中将使用的原点和限位应预先在 LXM28A 伺服驱动器中配置。

（四）学习结果评价

序号	评价内容	评价标准	评价结果
1	说出程序中调用 MC_ReadAxisInfo_LXM28 功能块完成的功能	程序中调用 MC_ReadAxisInfo_LXM28 功能块确定原点是否有效	
2	说出 MC_Home_LXM28 功能块启动前，伺服轴的状态	MC_Home_LXM28 功能块启动前，轴必须处于静止"Standstill"的状态	
3	掌握 MC_Home_LXM28 功能块实现的回原点功能是如何完成的	MC_Home_LXM28 功能块实现的回原点功能都是由伺服驱动器自动完成的	

五、课后作业

（一）在使用功能块回原点时，默认的 SDO 设置将 P3 = 10 设为_____。

（二）当使用 MC_Home_LXM28 功能块为 LXM28 伺服驱动器时，回原点模式的设置范围是 1 到 35，连接的引脚是 HomingMode。

（三）为了防止回零时间过长，寻原点高速可以设置为较数值。

（四）为了防止伺服停车时产生过冲，出现回原点的重复精度低的情况，回原点低速应设置为较速值。

工作任务4.2　单轴控制伺服系统的运动功能实现

职业能力4.2.1　编程实现绝对、相对和叠加位置的控制功能

一、核心概念

（一）单轴运动

单轴运动指的是轴的运动只与本轴的位置、速度、扭矩给定值有关，不依赖其他轴的运动位置、速度，相对移动、绝对移动、叠加运动、速度移动和点动都属于单轴运动。

（二）MC_MoveAbsolute_LXM28 绝对位置移动功能块

MC_MoveAbsolute_LXM28 绝对位置移动功能块可启动以最大速度 Velocity 朝向绝对目标位置 Position 的运动。

绝对位置移动的前提的是伺服已经使能，并且伺服的寻原点已经完成，使用 MC_ReadAxisInfo_LXM28 功能块读取伺服轴信息时 isHomed 必须为真。

绝对位置移动的速度最大速度给定 Velocity 和 Position 都和电子齿轮比的设置有关，电子齿轮比默认的设置为1280000一圈，如果读者没有修改电子齿轮比，速度设置1280000对应 60r/min，因此应注意 Velocity 引脚处的变量不要设的太大，导致功能块报错。

绝对位置的运动轨迹由驱动器中的轨迹生成器计算。该计算根据实际位置与目标位置、实际速度与目标速度以及加速度（CANopen 通信的 16#6083 参数）与减速度（CANopen 通信的 16#6084 参数）斜坡执行。MC_MoveAbsolute_LXM28 输入引脚变量说明见表 4-11。

表 4-11　MC_MoveAbsolute_LXM28 输入引脚变量说明

输入	数据类型	描述
Execute	BOOL	值范围：FALSE，TRUE 默认值：FALSE 输入 Execute 的上升沿可启动功能块。功能块持续执行，且输出 Busy 设置为 TRUE 如果需要更新速度或位置的给定值，则需要在 Execute 触发新的上升沿 ○ FALSE：如果 Execute 被设置为 FALSE，输出 Done、Error 或 CommandAborted 将被设置为 TRUE 并持续一个周期 ○ TRUE：如果 Execute 被设置为 TRUE，输出 Done、Error 或 CommandAborted 仍将被设置为 TRUE
Position	DINT	值范围：−2147483648…2147483647 默认值：0 处于单元用户定义位置的绝对目标位置
Velocity	DINT	值范围：1…2147483647 默认值：1280000 处于单元用户定义速度的目标速度

功能块的输出引脚和 Axis 输入、输出引脚与 MC_Home_LXM28 一致，这里不再赘述。

（三）MC_MoveRelative_LXM28 功能块

MC_MoveRelative_LXM28 功能块可启动距离为 Distance（以实际位置为参考）且最大速度为 Velocity 的运动。

相对位置的运动轨迹由驱动器中的轨迹生成器计算。该计算根据实际位置与目标位置、实际速度与目标速度以及加速度（CANopen 通信的 16#6083 参数）与减速度（CANopen 通信的 16#6084 参数）斜坡执行。

MC_MoveRelative_LXM28 输入引脚变量见表 4-12。

表 4-12　MC_MoveRelative_LXM28 输入引脚变量说明

输入	数据类型	描述
Execute	BOOL	值范围：FALSE，TRUE 默认值：FALSE 输 Execute 的上升沿可启动功能块。功能块持续执行，且输出 Busy 设置为 TRUE 如果需要更新速度或位置的给定值，则需要在 Execute 触发新的上升沿 ○ FALSE：如果 Execute 被设置为 FALSE，输出 Done、Error 或 CommandAborted 将被设置为 TRUE 并持续一个周期 ○ TRUE：如果 Execute 被设置为 TRUE，输出 DoneError 或 CommandAborted 仍将被设置为 TRUE
Distance	DINT	值范围：−2147483648…2147483647 默认值：0 相对目标位置以处于单元用户定义位置的实际位置为参考
Velocity	DINT	值范围：1…2147483647 默认值：1280000 处于单元用户定义速度的目标速度

（四）MC_ MoveAdditive_ LXM28

可在其他轴运动功能块上叠加一段位置移动，以最大速度 Velocity 朝向原始目标位置加距离 Distance 的运动。

叠加位置的运动轨迹由驱动器中的轨迹生成器计算。该计算根据实际位置与目标位置、实际速度与目标速度以及加速度（CANopen 通信的 16#6083 参数）与减速度（CANopen 通信的 16#6084 参数）斜坡执行。

二、学习目标

（一）学会伺服轴绝对位置移动功能块的调用和编程。
（二）学会伺服轴相对位置移动功能块的调用和编程。
（三）学会伺服轴叠加位置移动功能块的调用和编程。

三、基本知识

（一）组建单轴伺服绝对、相对和叠加位置控制功能的项目

本项目的硬件配置和 CAN 总线组态与上一节的配置相同，即硬件配置为 TM241CEC24T、LXM28A 伺服驱动器、TM3 扩展模块，所以新建项目时，将在 4.1.2 小节的【M241+LXM28A 控制系统的回原点处理功能】进行扩展。

使用 ESME 软件【工程另存为……】功能创建新项目，名称为【M241+LXM28A 控制系统的绝对、相对和叠加位置控制功能】。

本项目的硬件配置与上一节的配置相同，TM241CEC24T、LXM28A 伺服驱动器、TM3 扩展模块。

（二）创建 A06_Position 动作

创建位置控制的动作 A06_Position，编程语言选择 CFC，如图 4-40 所示。

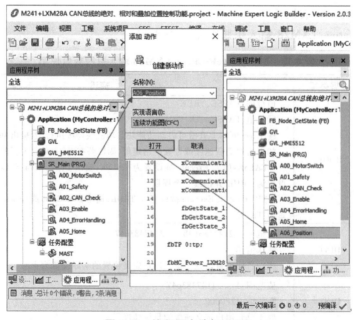

图 4-40　编程语言选择 CFC

（三）A06_Position 动作的程序

程序首先检查通信正常标志，如果 3 个伺服没有进入 operational 状态，则执行 RETURN 指令，返回不执行后面的程序。

自动模式激活有 4 个条件，1 是在触摸屏按下【自动模式】按钮，2 是准备模式的回原点已经成功完成，设备准备好标志为真，3 是自动启动开关 xAutoStart，4 是实验台机械手的门已经关上。程序使用检测上升沿的 Standard.R_TRIG 功能块检测到上升沿后，置位自动模式激活标志位为 True，如图 4-41 所示。

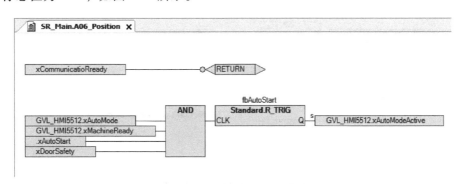

图 4-41　自动模式激活的程序

绝对位置移动采用 SEM_LXM28.MC_MoveAbsolute_LXM28 绝对位置移动功能块完成。

首先将机械手沿 X 轴进行移动，自动模式激活后，Excute 引脚产生上升沿，伺服开始按照在触摸屏上设置的 X 轴的位置值以 40000 的速度进行 X 轴的移动，X 轴移动到位后，功能块的引脚 Done 变为真，Y 轴的绝对移动功能块的 Execute 引脚变量又产生了新的上升沿，开始 Y 轴伺服的绝对位置移动，Z 轴的绝对位置移动的编程原理相同，程序如图 4-42 所示。

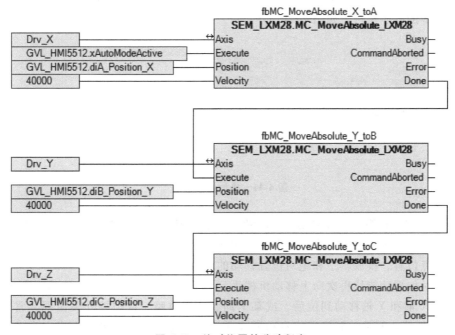

图 4-42　绝对位置的移动程序

Z 轴的功能块完成 Done 位变为真，置位开启吸气阀 xSuctionValve 吸住棋子，同时开启 5s 的延时保证能吸住棋子，相对位置移动采用 SEM_LXM28.MC_MoveRelative_LXM28 相对位置移动功能块完成。程序使用检测上升沿的 Standard.R_TRIG 功能块检测到机械手到达 C 位 Done 引脚的上升沿后，按照设定的 2cm 距离以 6000 用户单位每秒的速度（按电子齿轮比换算）进行相对位置的移动程序如图 4-43 所示。

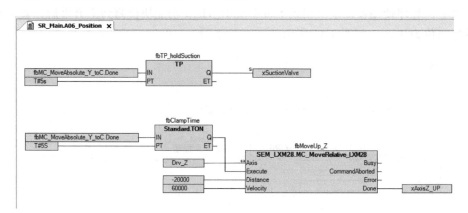

图 4-43 相对位置的移动程序

如果第 6 步的绝对位置结束时，叠加运动开关闭合，则在相对位置移动基础上叠加位置移动，程序采用 SEM_LXM28.MC_MoveAdditive_LXM28 叠加位置移动功能块完成，叠加的 -5cm（50000）的距离在引脚 Distance 中设置，速度设置为 50000。如果开启了叠加运动开关，则总的上抬距离 7cm，如果不启动叠加运动，则只上抬 2cm。

程序根据是否启动叠加运动输出第 7 步的工作条件，如果没有启动叠加运动，以相对位置移动结束为启动条件，如果启动了叠加运动，则相对位置移动和叠加位置移动都完成，才能启动第八步的程序执行，如图 4-44 所示。

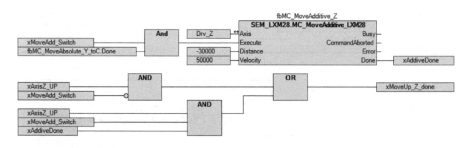

图 4-44 叠加位置移动

X 轴和 Y 轴进行绝对位置移动，移动到 E 点后，到达棋子放置地点后，下移伺服 Z 轴，机械手到达设定位置 D 点后，关闭吸气阀，延时 5s 保证棋子掉落，延时时间到后，将机械手抬高到原点位置，投放棋子和绝对位置移动的程序如图 4-45 所示。

使用绝对位置功能块再次向上移动机械手到 Z 轴的原点 0，Done 后移动 X 轴和 Y 轴到起始点。当 X 轴和 Y 轴移动到位后，或某个伺服出现故障，或门控开关出现异常，或合上位于本体 I6 的停止开关，复程序位自动模式激活标志位，等待读者再次进入自动模式，程序如图 4-46 所示。

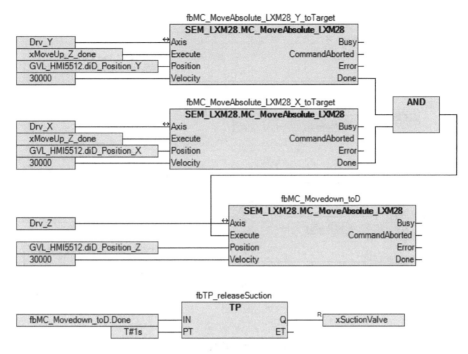

图 4-45　投放棋子和绝对位置移动的程序

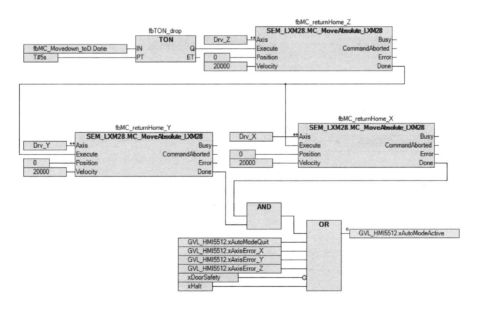

图 4-46　回原点和复程序位自动模式激活标志位的程序

将 TM241 本体的 I6 停止开关打到 ON 位置，停止伺服电动机的移动，停止自动程序的运行如图 4-47 所示。

将从 CANopen 读取的 PDO 数据，3 台伺服的实际位置和实际速度经计算后送到全局变量中，用于 HMI 的显示，将门控开关的状态也放到全局变量中用于 HMI 的显示，门控开关

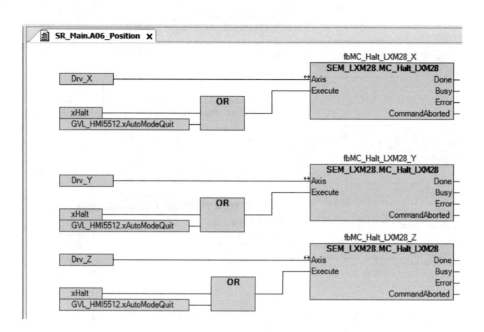

图 4-47 停止自动程序的运行

的状态显示如图 4-48 所示。

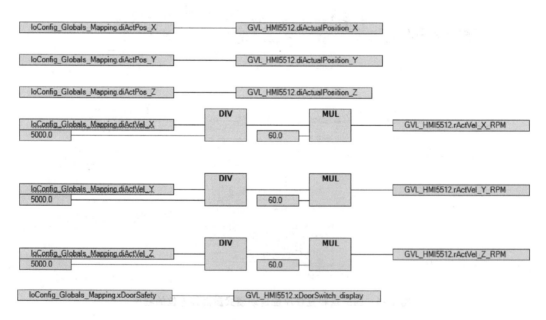

图 4-48 门控开关的状态显示

（四）GVL 变量

单击【应用程序树】→【GVL】，创建功能块的全局变量，GVL 变量如图 4-49 所示。
本项目中增加的 GVL_HMI5512 的变量如图 4-50 所示。

```
GVL  X
1    {attribute 'qualified_only'}
2    VAR_GLOBAL
3        xRstSafeModuleEStop            : BOOL;
4        fbSafety: TM3_Safety;
5        fbPower_1: MC_Power_PTO;
6        xSelectMotor AT %MX1.1: BOOL := FALSE;
7
8        fbHome_Drv_X:SEM_LXM28.MC_Home_LXM28;
9        fbHome_Drv_Y:SEM_LXM28.MC_Home_LXM28;
10       fbHome_Drv_Z:SEM_LXM28.MC_Home_LXM28;
11       fbSetPosition_Drv_X:SEM_LXM28.MC_SetPosition_LXM28;
12       fbSetPosition_Drv_Y:SEM_LXM28.MC_SetPosition_LXM28;
13       fbSetPosition_Drv_Z:SEM_LXM28.MC_SetPosition_LXM28;
14
15   fbJog_Drv_X:SEM_LXM28.MC_Jog_LXM28;
16   fbJog_Drv_y:SEM_LXM28.MC_Jog_LXM28;
17   fbJog_Drv_Z:SEM_LXM28.MC_Jog_LXM28;
18   END_VAR
```

图 4-49 GVL 变量

```
GVL_HMI5512  X
47       diHomeVH_X AT %MW400 :UINT := 5000;
48       diHomeVH_Y AT %MW404 :UINT := 5000;
49       diHomeVH_Z AT %MW408 :UINT := 5000;
50       xHomeOK_X AT %MX0.1: BOOL ;
51       xHomeOK_Y AT %MX0.2: BOOL ;
52       xHomeOK_Z AT %MX0.3: BOOL ;
53       xMachineReady AT %MX6.0: BOOL;
54
55       xJogForward_X AT %MX20.0:BOOL;
56   xJogReverse_X AT %MX20.1:BOOL;
57   xJogForward_Y AT %MX20.2:BOOL;
58   xJogReverse_Y AT %MX20.3:BOOL;
59   xJogForward_Z AT %MX20.4:BOOL;
60   xJogReverse_Z AT %MX20.5:BOOL;
61   diJogSpeed AT %MD1200:DINT:=20;
62
63     xJog_X_Lamp AT %MX22.0 : BOOL;
64     xJog_Y_Lamp AT %MX22.1: BOOL;
65     xJog_Z_Lamp AT %MX22.2: BOOL;
66
67       xSetPosition_X AT %MX14.0: BOOL;
68       xSetPosition_Y AT %MX14.1: BOOL;
69       xSetPosition_Z AT %MX14.2: BOOL;
70
71       diSetPos_X AT %MD850:DINT:=0;
72       diSetPos_Y AT %MD854:DINT:=0;
73       diSetPos_Z AT %MD858:DINT:=0;
74
75   xMoveAbosolute_Test_X AT %MX12.0 :BOOL;
76   xMoveAbosolute_Test_Y AT %MX12.1 :BOOL;
77   xMoveAbosolute_Test_Z AT %MX12.2 :BOOL;
78
79   xSuctionValve_Test AT %MX6.7 :BOOL;
80   END_VAR
81
82   VAR_GLOBAL RETAIN
83
84       diMoveAbs_Target_Position_X AT %MD1020: DINT;
85       diMoveAbs_Target_Position_Y AT %MD1022: DINT;
86       diMoveAbs_Target_Position_Z AT %MD1024: DINT;
87       diA_Position_X AT %MD1100: DINT;
88       diB_Position_Y AT %MD1102: DINT;
89       diC_Position_Z AT %MD1104: DINT;
90       diD_Position_X AT %MD1106: DINT;
91       diD_Position_Y AT %MD1108: DINT;
92       diD_Position_Z AT %MD1110: DINT;
93   END_VAR
```

图 4-50 GVL_HMI5512 的变量

（五）变量创建

在【设备树】→【DI】中创建 M241 本体的输入变量，自动启动 xAudoStart 变量在 M241 本体的 DI 输入的【I5】中进行声明，地址是【%IX0.5】，停止 xHalt 变量在 M241 本体的 DI 输入的【I6】中进行声明，地址是【%IX0.6】，DI 变量如图 4-51 所示。

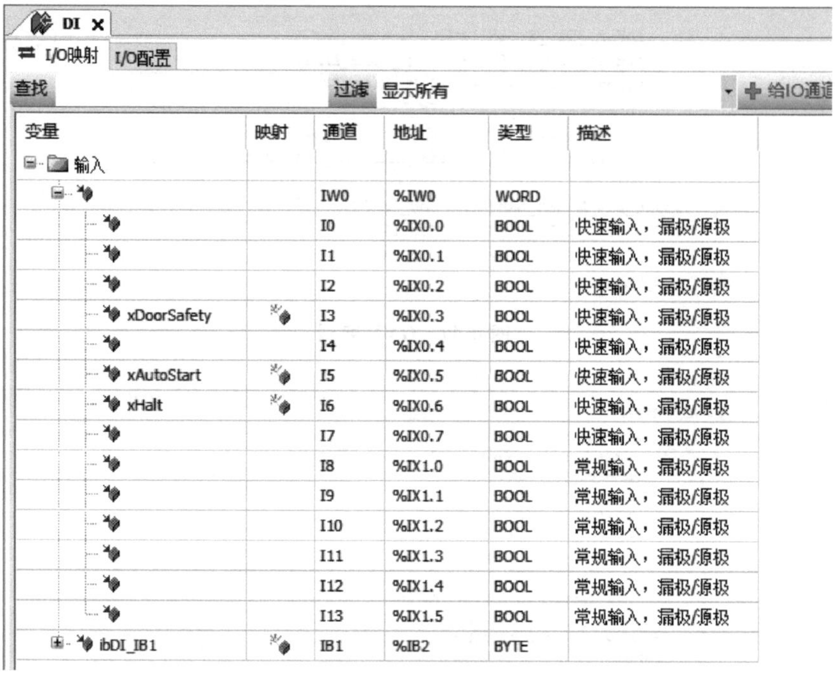

变量	映射	通道	地址	类型	描述
输入					
		IW0	%IW0	WORD	
		I0	%IX0.0	BOOL	快速输入，漏极/源极
		I1	%IX0.1	BOOL	快速输入，漏极/源极
		I2	%IX0.2	BOOL	快速输入，漏极/源极
xDoorSafety		I3	%IX0.3	BOOL	快速输入，漏极/源极
		I4	%IX0.4	BOOL	快速输入，漏极/源极
xAutoStart		I5	%IX0.5	BOOL	快速输入，漏极/源极
xHalt		I6	%IX0.6	BOOL	快速输入，漏极/源极
		I7	%IX0.7	BOOL	快速输入，漏极/源极
		I8	%IX1.0	BOOL	常规输入，漏极/源极
		I9	%IX1.1	BOOL	常规输入，漏极/源极
		I10	%IX1.2	BOOL	常规输入，漏极/源极
		I11	%IX1.3	BOOL	常规输入，漏极/源极
		I12	%IX1.4	BOOL	常规输入，漏极/源极
		I13	%IX1.5	BOOL	常规输入，漏极/源极
ibDI_IB1		IB1	%IB2	BYTE	

图 4-51　DI 变量

DQ、Module_1、Module_5、Module_6 中的变量与 4.1.1 中的项目相同，这里不再描述。

（六）A07_Manual 动作

在 ESME 软件的【应用程序树】下创建手动模式的动作 A07_Manual，编程语言 CFC，与 A06 相同，程序首先检查通信正常标志，如果 3 个伺服没有进入 operational 状态，则执行 RETURN，返回不执行后面的程序。

如果准备模式和手动模式没有激活，在触摸屏按下手动模式按钮，则手动模式激活标志位被设为 1，在触摸屏上分别按下 3 个伺服轴的正点动或反点动可以对伺服进行调试，例如故障或回原点位置的调试，点动功能块 SEM_LXM28. MC_Jog_LXM28 的引脚连接触摸屏点动按钮上，Forward 和 Backward 引脚连接正点动和反点动的运行信号，伺服轴正反点动的前提是伺服必须已经使能并且处于手动模式下，MC_Jog_LXM28 的功能块引脚 WaitTime 设置两次点动的间隔时间，在此处设为 800ms，如果按下触摸屏的手动模式退出按钮，则复位手动模式变量和手动模式激活标志，如图 4-52 所示。

程序调用 SEM_LXM28. MC_SetPosition_LXM28 功能块将伺服当前位置设为零，然后调用三个轴的绝对位置的移动功能块手动模式下的位置测试，可用于校准 X、Y 和 Z 轴的移动方向和检查每圈脉冲数的参数设置是否正确，绝对移动功能块中的 10000 设置的是轴的移动速度，代表转速是 120r/min，手动模式轴的测试移动程序如图 4-53 所示。

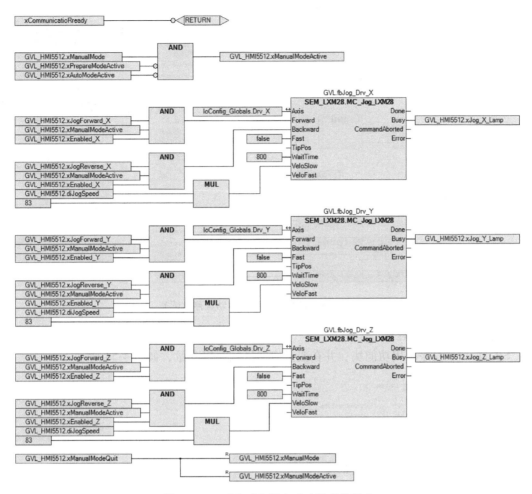

图 4-52 正反点动和退出手动模式的程序

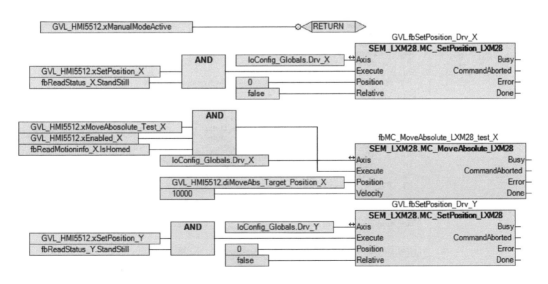

图 4-53 手动模式轴的测试移动程序

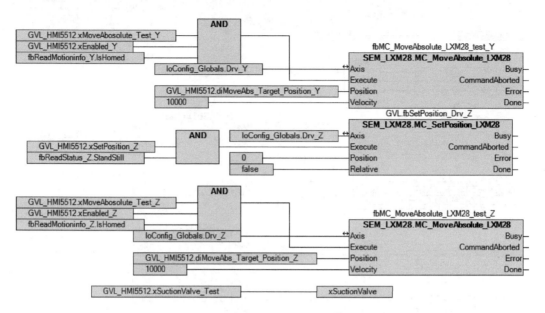

图 4-53　手动模式轴的测试移动程序（续）

（七）SR_Main 主程序

SR_Main 主程序调用功能块，并在变量声明区域编辑变量，如图 4-54 所示。

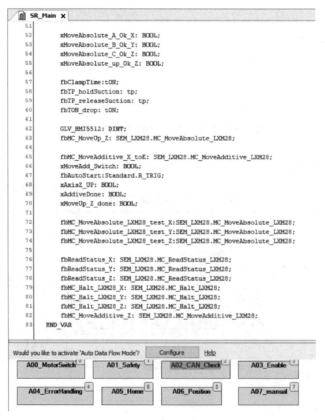

图 4-54　SR_Main 主程序

（八）HMI 项目画面

打开 Vijeo Designer Basic 软件，创建 HMI 项目，名称为【4_2_CANopen_Position】，如图 4-55 所示。

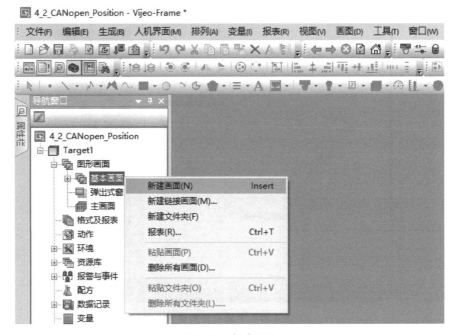

图 4-55　新建画面

画面 1 是自动模式的画面，画面上有轴故障状态灯、伺服使能状态灯和安全门开关状态灯和模式状态灯，并可以直接观察到 3 个伺服轴的实际位置，画面的左下角有柜内、柜外电机切换按钮和故障复位按钮，在画面的右下角可通过按钮切换到准备模式、路径规划和手动模式，如图 4-56 所示。

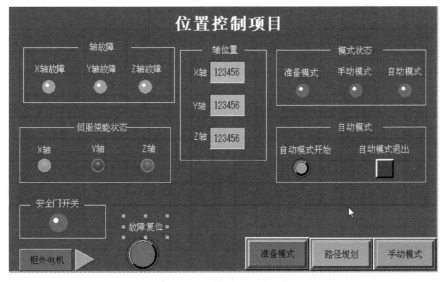

图 4-56　位置控制项目主画面

手动模式的设置如图 4-57 所示。

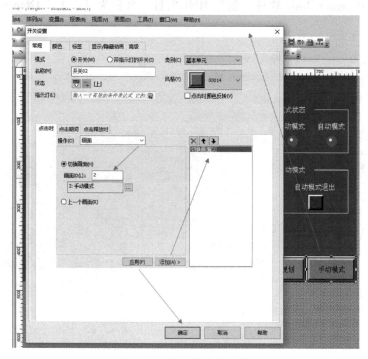

图 4-57　手动模式的设置

故障复位的设置如图 4-58 所示。

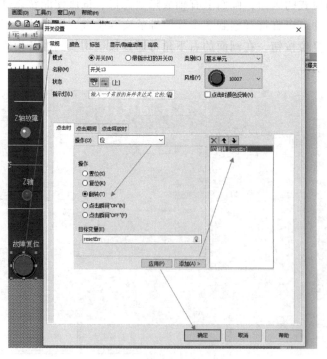

图 4-58　故障复位的设置

柜内外电机的设置，如图 4-59 所示。

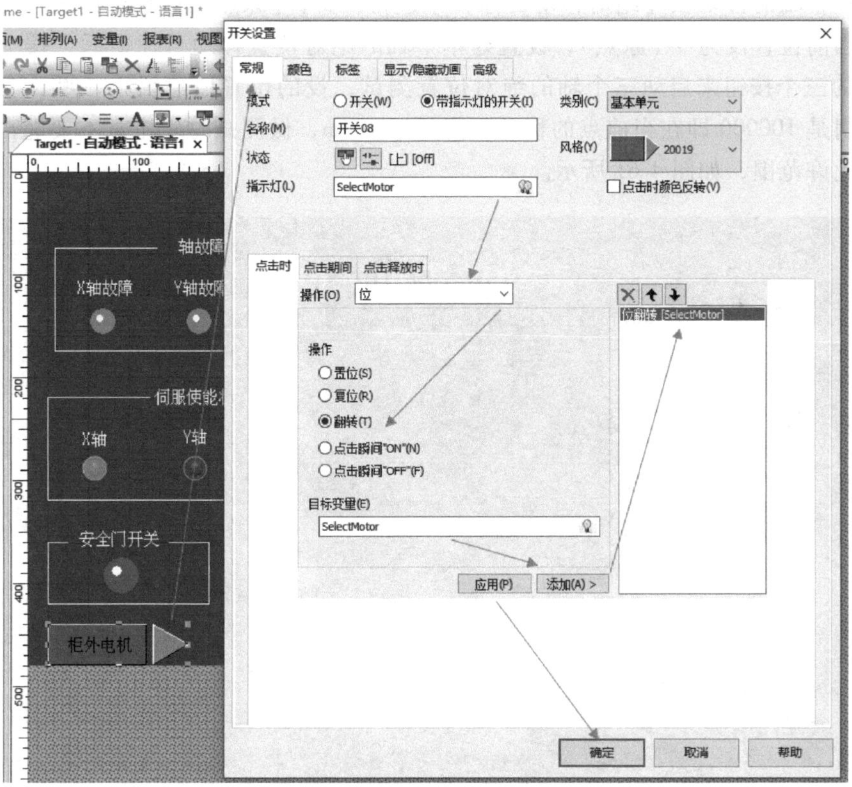

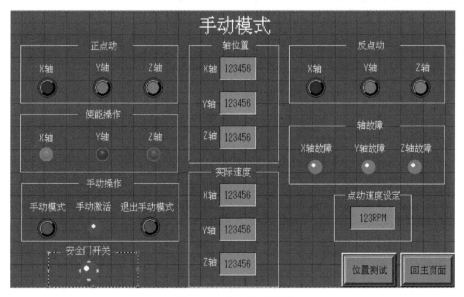

图 4-59　柜内外电机的设置

画面 2 是手动模式画面，完成手动模式的激活和退出，3 个伺服单个伺服的使能，以及伺服点动操作，还可进入移动测试画面或者返回主画面，手动模式画面如图 4-60 所示。

图 4-60　手动模式画面

　　在画面 2 中按下【绝对位置测试】开关可以切换到基本画面 3,【轴位置】显示的是轴的实际位置,轴的移动在【绝对移动目标】中进行设置,【原点设置】中的三个开关可以将三个轴的当前位置设为 0(原点),设置好单个轴的绝对位置移动目标值后,按下【绝对位置测试】的三个按钮来启动三个轴的绝对位置测试,设的位置值建议小一些,在画面中做了最大限制是 100000 即在当前点的移动不能超过 10cm,做测试时应注意不要超出机械手的位置移动允许范围,如图 4-61 所示。

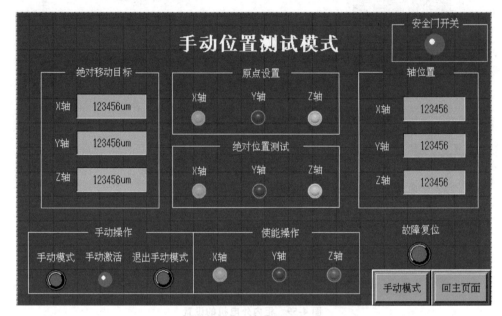

图 4-61　基本画面 3

　　按下【路径规划】开关可以切换到基本画面 4,位置目标值用来设置机械手取物的路径,设定好这些数值是自动模式运行的前提,如图 4-62 所示。

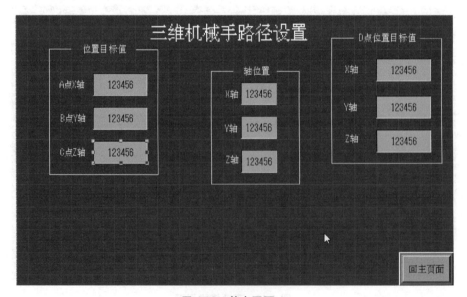

图 4-62　基本画面 4

画面 5 与上一个项目的触摸屏画面类似，主要用来完成伺服的使能和回原点操作，如图 4-63 所示。

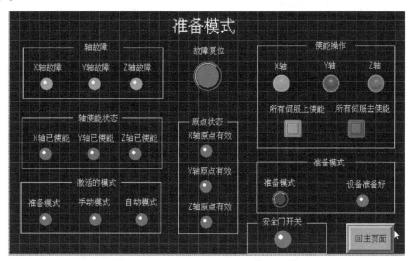

图 4-63 基本画面 5

（九）HMI 变量

在 Vijeo Designer Basic 软件中，双击【工程】下的【变量】新建 HMI 变量，如图 4-64 所示。

	名称	数据类型	数据源	扫描组	设备地址
1	ActVel_RPM_X	REAL	外部	ModbusEqup...	%MF1812
2	ActVel_RPM_Y	REAL	外部	ModbusEqup...	%MF1816
3	ActVel_RPM_Z	REAL	外部	ModbusEqup...	%MF1820
4	AutoMode	BOOL	外部	ModbusEqup...	%MW0:X8
5	AutoMode_Exit	BOOL	外部	ModbusEqup...	%MW3:X1
6	AutoModeActive	BOOL	外部	ModbusEqup...	%MW1:X1
7	AxisErr_X	BOOL	外部	ModbusEqup...	%MW2:X0
8	AxisErr_Y	BOOL	外部	ModbusEqup...	%MW2:X1
9	AxisErr_Z	BOOL	外部	ModbusEqup...	%MW2:X2
10	AxisErrorCode_X	DINT	外部	ModbusEqup...	%MD2000
11	AxisErrorCode_Y	DINT	外部	ModbusEqup...	%MD2004
12	AxisErrorCode_Z	DINT	外部	ModbusEqup...	%MD2008
13	Disable_All	BOOL	外部	ModbusEqup...	%MW1:X5
14	DoorSwitch	BOOL	外部	ModbusEqup...	%MW0:X4
15	Enable_All	BOOL	外部	ModbusEqup...	%MW1:X4
16	Enable_X	BOOL	外部	ModbusEqup...	%MW0:X10
17	Enable_Y	BOOL	外部	ModbusEqup...	%MW0:X11
18	Enable_Z	BOOL	外部	ModbusEqup...	%MW0:X12
19	Enabled_X	BOOL	外部	ModbusEqup...	%MW0:X13
20	Enabled_Y	BOOL	外部	ModbusEqup...	%MW0:X14
21	Enabled_Z	BOOL	外部	ModbusEqup...	%MW0:X15
22	homeOK_X	BOOL	外部	ModbusEqup...	%MW0:X1
23	homeOK_Y	BOOL	外部	ModbusEqup...	%MW0:X2
24	homeOK_Z	BOOL	外部	ModbusEqup...	%MW0:X3
25	Jog_X_Lamp	BOOL	外部	ModbusEqup...	%MW11:X0
26	Jog_Y_Lamp	BOOL	外部	ModbusEqup...	%MW11:X1
27	Jog_Z_Lamp	BOOL	外部	ModbusEqup...	%MW11:X2
28	jogN_X	BOOL	外部	ModbusEqup...	%MW10:X1
29	jogN_Y	BOOL	外部	ModbusEqup...	%MW10:X3
30	jogN_Z	BOOL	外部	ModbusEqup...	%MW10:X5

图 4-64 HMI 变量 1

HMI 变量 2, 如图 4-65 所示。

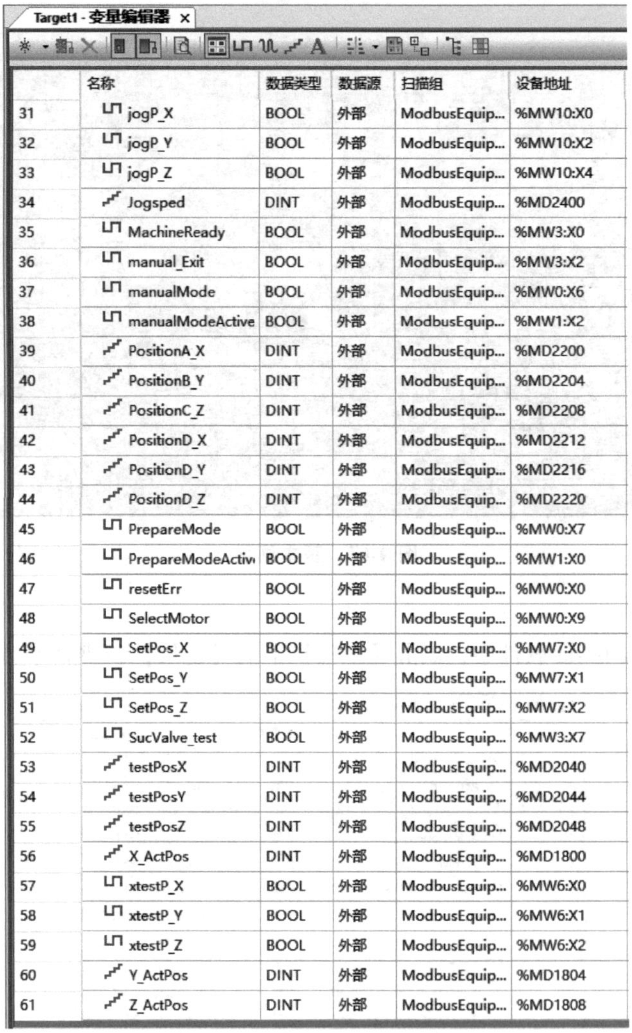

	名称	数据类型	数据源	扫描组	设备地址
31	jogP_X	BOOL	外部	ModbusEquip...	%MW10:X0
32	jogP_Y	BOOL	外部	ModbusEquip...	%MW10:X2
33	jogP_Z	BOOL	外部	ModbusEquip...	%MW10:X4
34	Jogsped	DINT	外部	ModbusEquip...	%MD2400
35	MachineReady	BOOL	外部	ModbusEquip...	%MW3:X0
36	manual_Exit	BOOL	外部	ModbusEquip...	%MW3:X2
37	manualMode	BOOL	外部	ModbusEquip...	%MW0:X6
38	manualModeActive	BOOL	外部	ModbusEquip...	%MW1:X2
39	PositionA_X	DINT	外部	ModbusEquip...	%MD2200
40	PositionB_Y	DINT	外部	ModbusEquip...	%MD2204
41	PositionC_Z	DINT	外部	ModbusEquip...	%MD2208
42	PositionD_X	DINT	外部	ModbusEquip...	%MD2212
43	PositionD_Y	DINT	外部	ModbusEquip...	%MD2216
44	PositionD_Z	DINT	外部	ModbusEquip...	%MD2220
45	PrepareMode	BOOL	外部	ModbusEquip...	%MW0:X7
46	PrepareModeActiv	BOOL	外部	ModbusEquip...	%MW1:X0
47	resetErr	BOOL	外部	ModbusEquip...	%MW0:X0
48	SelectMotor	BOOL	外部	ModbusEquip...	%MW0:X9
49	SetPos_X	BOOL	外部	ModbusEquip...	%MW7:X0
50	SetPos_Y	BOOL	外部	ModbusEquip...	%MW7:X1
51	SetPos_Z	BOOL	外部	ModbusEquip...	%MW7:X2
52	SucValve_test	BOOL	外部	ModbusEquip...	%MW3:X7
53	testPosX	DINT	外部	ModbusEquip...	%MD2040
54	testPosY	DINT	外部	ModbusEquip...	%MD2044
55	testPosZ	DINT	外部	ModbusEquip...	%MD2048
56	X_ActPos	DINT	外部	ModbusEquip...	%MD1800
57	xtestP_X	BOOL	外部	ModbusEquip...	%MW6:X0
58	xtestP_Y	BOOL	外部	ModbusEquip...	%MW6:X1
59	xtestP_Z	BOOL	外部	ModbusEquip...	%MW6:X2
60	Y_ActPos	DINT	外部	ModbusEquip...	%MD1804
61	Z_ActPos	DINT	外部	ModbusEquip...	%MD1808

图 4-65　HMI 变量 2

四、能力训练

（一）操作条件

1. 实验环境的要求：通风良好，温度为 15～35℃，相对湿度为 20%～90%，照度为 200～300lx，无易燃易爆及腐蚀性气体或液体，无导电性粉尘和杂物。

2. 实验室的要求：应有安全用具、防护用具和消防器材等。

3. 实验台的要求：实验台与电气系统设计相一致，电控柜接地良好，电机绝缘良好，设备元器件齐全，无脱线现象。实验台稳固，台面清洁。

4. 工具和仪器仪表的要求：符合装备和调试的常用工具和仪器仪表。定期检查、清洁以保证其性能良好。

5. 操作计算机的要求：操作系统安装完成后，PC 网口或 USB 端口能够正常工作。

（二）安全及注意事项

1. 实验台设备应符合 IEC 61508-2—2010 标准，即符合电气/电子/可编程电子安全相关系统的要求。实验人员必须严格执行国家的安全作业规定。

2. 操作人员必须具备必要的电工知识，熟悉供电系统和各种电气设备的性能和操作方法，还应具备在异常情况下采取相应措施的处理能力。

3. 实验期间禁止乱放、乱拉和乱接电线电缆。

4. 在进行供电与停电操作及相关的电气实验操作时，必须穿戴合格的绝缘手套和绝缘鞋，必须按照正确的顺序进行操作。

5. 接线作业完成后，经实验室教师复核同意后方可进行通电，或电气实验操作；实验操作分为两组人员，一组做实验，另一组进行安全监控，实验的所有进程都应有教师的监督和指导。

6. 实验结束后，恢复实验设备至初始状态，清理台面并将工具和仪器仪表归位。

（三）操作过程

1. 掌握 HMI 的伺服点动实验

（1）操作方法及说明

存盘编译后，将 PLC 和触摸屏的程序分别下载，然后运行 PLC。

首先，根据使用的电机选择柜内或柜外的电机，然后按下故障复位按钮，伺服故障灯将变为绿色，然后进入手动模式，如果使用的是柜内电机，直接在手动模式画面中给三台伺服上使能。

如果使用的是机械手（柜外电机），为了避免伺服移动超出机械手的允许范围，应在伺服电动机没有上使能前，将电机推到行程的中间位置，然后再按触摸屏上的三个上使能按钮。在【点动速度设定】中设定点动的速度，不做修改的情况下程序设为 20r/min，如果操作者要修改，为了设备安全，建议点动速度不超过 50r/min。

按下【手动模式按钮】，手动模式激活的指示灯变为绿色后，按下 X 轴的正点动按钮，电机将正向运动，按下 X 轴反点动按钮，电机将反向运动，并且实际速度在正向时在 20r/min 上下波动，反向操作时在-20r/min 上下波动，如图 4-66 所示。

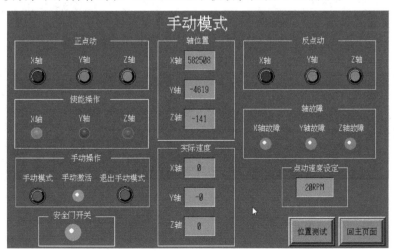

图 4-66　复位故障使能后进入手动模式的画面

（2）质量标准

对实验台进行操作时，学员按下触摸屏上的【故障复位】后，X轴、Y轴和Z轴故障灯变为绿色，按下X轴、Y轴和Z轴的使能按钮后，伺服应上使能，按下手动模式按钮后，手动激活指示灯应变为绿色，按各个伺服轴点动按钮时，在实际速度显示中可以看到伺服电动机转速在给定值附近波动，正反点动的实际速度符号相反，如图4-67所示。

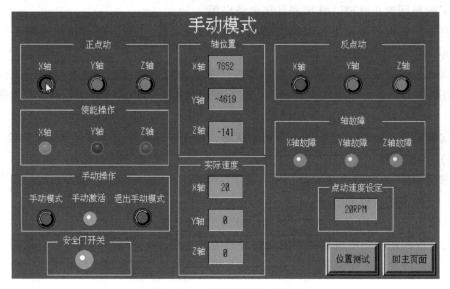

图4-67　点动操作的速度显示

2. 掌握 HMI 的位置测试实验

（1）操作方法及说明

在手动模式画面里，按【位置测试】按钮进入【手动位置测试模式】画面，首先设置绝对移动目标为10000、20000、40000，然后按【原点设置】下的X轴、Y轴和Z轴按钮，这时3个伺服轴的【轴位置】变为0，如图4-68所示。

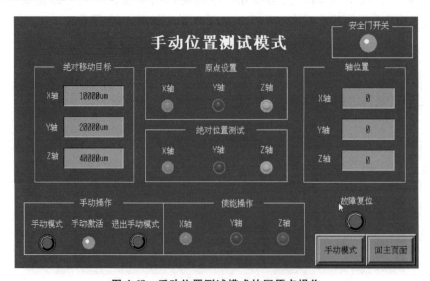

图4-68　手动位置测试模式的回原点操作

这时分别按下【绝对位置测试】下的 X 轴、Y 轴和 Z 轴按钮，查看 3 个伺服轴的行走位置。

（2）质量标准

分别按下【绝对位置测试】下的 X 轴、Y 轴和 Z 轴按钮，3 个伺服轴将走到设定的目标值，即【轴位置】变为设定的目标值，如图 4-69 所示。

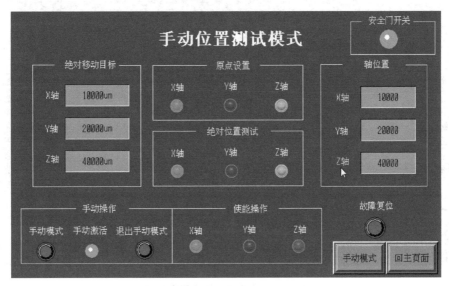

图 4-69　位置测试的完成的画面

3. 掌握 HMI 的准备模式实验

（1）操作方法及说明

按【手动模式】回到手动模式画面，然后按下【退出手动模式】，手动模式激活指示灯变为红色。

然后按【回主页面】返回到主画面后，再按【准备模式】按钮切换到准备模式画面，按准备模式按钮，3 台伺服电动机将回原点，如图 4-70 所示。

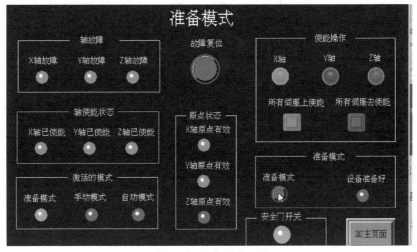

图 4-70　准备模式画面

（2）质量标准

在准备模式中回原点完成，3个伺服轴的原点状态有效设备准备好指示灯亮起，如图 4-71 所示。

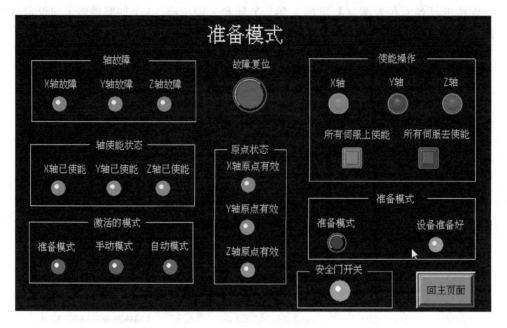

图 4-71　设备准备模式完成画面

4. 掌握 HMI 的机械手路径设置方法

（1）操作方法及说明

按【回主页面】返回到主画面后，再按【路径规划】按钮切换到准备模式画面，如图 4-72 所示。

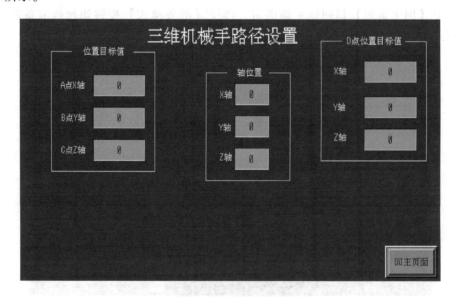

图 4-72　路径数据设置

（2）质量标准

路径数据按规定正常设入变量区，路径设置参数如图4-73所示。

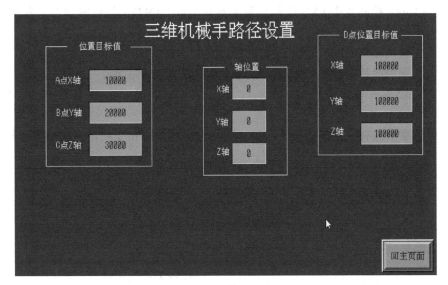

图4-73　路径设置参数

5. 掌握HMI的自动模式实验

（1）操作方法及说明

按【回主页面】返回到主画面后，按【自动模式开始】按钮，将TM241的本体的I5自动运行开关拨到ON位置，伺服将按路径规划的数据自动开始运行，并完成吸棋子和放棋子操作，如图4-74所示。

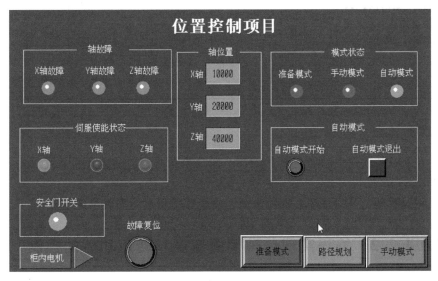

图4-74　主画面操作

（2）质量标准

如果使用柜内电机，整个工作过程应正常结束，如果使用机械手，需完成棋子的抓取和放置过程。

问题情境:

使用 CANopen 控制 4 个 LXM32 伺服驱动器和两台 LXM28A 伺服驱动器,发现最后一台 LXM32 伺服驱动器和 1 台 LXM28A 伺服驱动器通信不正常,有可能的原因是?

1. 首先检查两套伺服的 CANopen 地址是否发生了重复。

2. 两台伺服的波特率设置是否与 CANopen 总线的波特率一致。

3. 检查 CANopen 电缆,检查 CANopen 的正、负和接地的接线是否正确、牢固的连接好。

4. 如果伺服周围有大变频器等干扰源,应注意将通信线和变频器的动力线分开。

(四)学习结果评价

序号	评价内容	评价标准	评价结果
1	在本节的程序中采用了什么功能块进行的绝对位置移动	能够明确本节程序中的绝对位置移动是采用 SEM_LXM28. MC_MoveAbsolute_LXM28 绝对位置移动功能块来完成的	
2	将本节项目中叠加距离设置为 -3cm 的距离	在引脚 Distance 中设置叠加距离为 -30000,完成后如下图 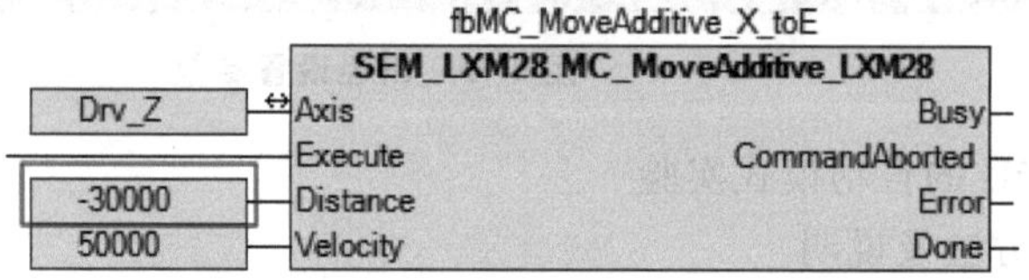 fbMC_MoveAdditive_X_toE SEM_LXM28.MC_MoveAdditive_LXM28 Drv_Z — Axis　　Busy 　— Execute　　CommandAborted -30000 — Distance　　Error 50000 — Velocity　　Done	
3	设置 X 轴的 LXM28A 伺服驱动器两次点动的间隔时间为 1000ms	在引脚 WaitTime 设置两次点动的间隔时间为 1000ms,操作如下图 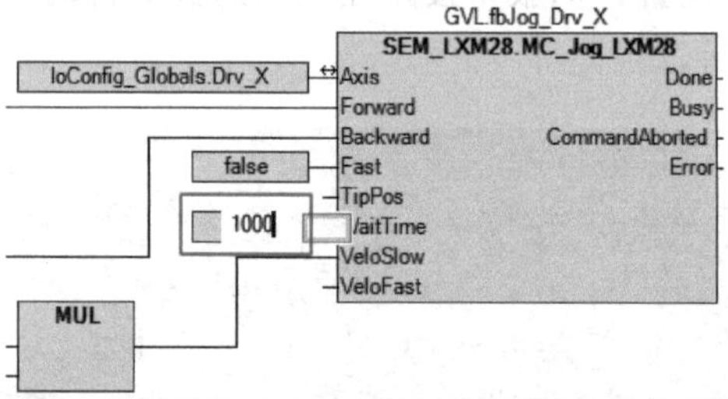 GVL.fbJog_Drv_X SEM_LXM28.MC_Jog_LXM28 IoConfig_Globals.Drv_X — Axis　　Done 　— Forward　　Busy 　— Backward　　CommandAborted false — Fast　　Error 　— TipPos 1000 — /aitTime 　— VeloSlow 　— VeloFast MUL	

五、课后作业

(一)在 ESME 软件中添加一个 LXM28A 伺服驱动器,它的地址是 6,CANopen 总线波特率为 500K。

(二)相对移动、绝对移动、叠加运动、速度移动和点动都属于运动。

职业能力 4.2.2　编程实现单轴伺服速度和转矩功能的控制

一、核心概念

(一)速度控制

伺服的速度控制用于控制伺服电动机的角速度或者直线移动的线速度,使用 CANopen

控制 LXM28 伺服驱动器时除了速度之外，还需设置运行速度的加速度和减速度。

（二）转矩控制

转矩控制方式是通过外部模拟量的输入或通过通信的方法直接设置力矩给定值和力矩斜坡的方式来控制伺服电动机轴对外的输出转矩的大小和变化速度，力矩控制功能的典型应用场合包括收放卷的张力控制、力矩方式回原点等。

二、学习目标

（一）掌握速度移动 MC_MoveVelocity 的功能和调用。

（二）掌握读取实际速度值功能块 MC_ReadActualVelocity_LXM28 的功能和调用。

三、基本知识

（一）组建单轴伺服速度控制功能的项目

本项目的硬件配置和 CAN 总线组态与上一节的配置相同，即硬件配置为 TM241CEC24T、LXM28A 伺服驱动器、TM3 扩展模块，所以新建项目时，将在 4.2.1 小节的【M241+LXM28A 控制系统的绝对、相对和叠加位置功能】进行扩展。

使用 ESME 软件【工程另存为……】功能创建新项目，名称为【M241+LXM28A 控制系统的速度控制功能】。硬件配置为 TM241CEC24T、LXM28A 伺服驱动器、TM3 扩展模块。

在项目中删除不用的功能块，保留安全模块、柜内外控制动作，以及使能动作等。

（二）变量创建

在【设备树】→【DI】中创建 M241 本体的输入变量，xHalt 是停止速度运行的开关，在 M241 本体的 DI 输入的【I6】中进行声明，【地址】是【%IX0.6】，xMoveVelocity_Start 开始速度运行开关变量在 M241 本体的 DI 输入的【I7】中进行声明，【地址】是【%IX0.7】，xTorqueStart 开始力矩运行开关变量在 M241 本体的 DI 输入的【I8】中进行声明，地址是【%IX1.0】，xStop 是停止力矩运行的开关，在 M241 本体的 DI 输入的【I9】中进行声明，地址是%IX1.1，DI 变量如图 4-75 所示。

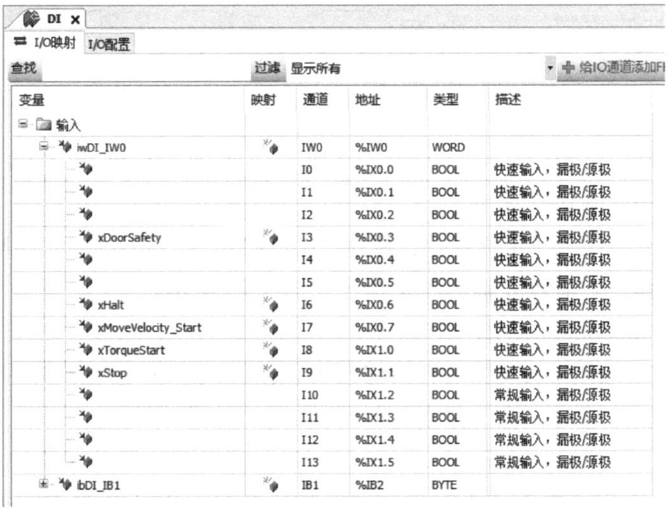

变量	映射	通道	地址	类型	描述
输入					
iwDI_IW0		IW0	%IW0	WORD	
		I0	%IX0.0	BOOL	快速输入，漏极/源极
		I1	%IX0.1	BOOL	快速输入，漏极/源极
		I2	%IX0.2	BOOL	快速输入，漏极/源极
xDoorSafety		I3	%IX0.3	BOOL	快速输入，漏极/源极
		I4	%IX0.4	BOOL	快速输入，漏极/源极
		I5	%IX0.5	BOOL	快速输入，漏极/源极
xHalt		I6	%IX0.6	BOOL	快速输入，漏极/源极
xMoveVelocity_Start		I7	%IX0.7	BOOL	快速输入，漏极/源极
xTorqueStart		I8	%IX1.0	BOOL	快速输入，漏极/源极
xStop		I9	%IX1.1	BOOL	快速输入，漏极/源极
		I10	%IX1.2	BOOL	常规输入，漏极/源极
		I11	%IX1.3	BOOL	常规输入，漏极/源极
		I12	%IX1.4	BOOL	常规输入，漏极/源极
		I13	%IX1.5	BOOL	常规输入，漏极/源极
ibDI_IB1		IB1	%IB2	BYTE	

图 4-75　M241 本体的 DI 变量

DQ、Module_1、Module_5、Module_6 中的变量与 4.1.1 中的项目相同，这里不再描述。

（三）A08_MoveVelocity 动作

在本动作中，实现当合上 TM241 的本体逻辑输入 I7 速度运行开关时，3 个伺服电动机按触摸屏给定速度同时运行，合上 TM241 的本体逻辑输入 I6 暂停运行开关时后，3 个伺服电动机同时停止。

创建新的动作 A08_MoveVelocity，用于 LXM28A 伺服驱动器的速度控制，编程语言选择 CFC，速度运行仅能在柜内电机的方式下进行测试，因此将电机选择变量在程序中固定写成 TRUE。

然后判断通信是否正常，通信正常后调用 SEM_LXM28. MC_ReadActualVelocity_LXM28 功能块读取伺服轴的运行速度，因为此速度是以用户单位每秒的格式显示的，所以应先乘以 60.0 再除以 5000 得到 r/min 单位的速度值，读取 X 轴、Y 轴和 Z 轴的实际速度如图 4-76 所示。

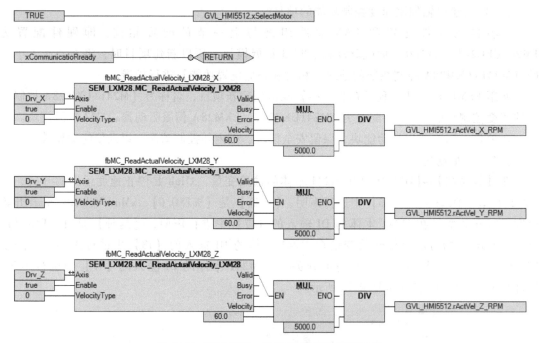

图 4-76 读取 X 轴、Y 轴和 Z 轴的实际速度

调用 SEM_LXM28、MC_MoveVelocity_LXM28 功能块实现伺服 X 轴按给定速度运行，X 轴速度运行的程序如图 4-77 所示。

在将速度移动开关拨到 Off 位置时，调用 SEM_LXM28、MC_Halt_LXM28 功能块停止伺服的速度运行，X 轴、Y 轴和 Z 轴的停止程序如图 4-78 所示。

（四）A09_TorqueControl 动作

在本动作中，实现通过触摸屏的转矩修改确认按钮或者转矩运行开关时，Y 轴伺服电动机按触摸屏给定的转矩运行，合上停止运行开关时，Y 轴伺服停止。

创建新的动作 A09_TorqueControl，用于 LXM28A 伺服驱动器的转矩控制，编程语言选择梯形图 LD，转矩运行仅能在柜内电机的方式下进行测试，电机选择变量在程序中固定写成 TRUE。

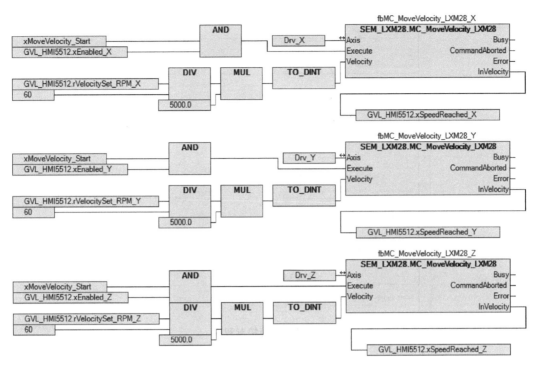

图 4-77　X 轴速度运行的程序

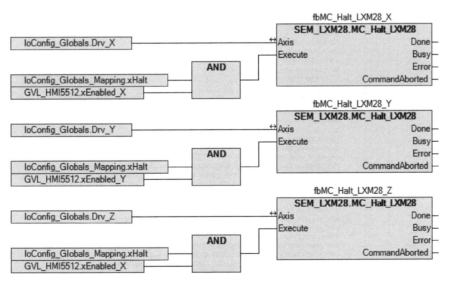

图 4-78　X 轴、Y 轴和 Z 轴的停止程序

程序判断通信是否正常，通信不正常返回。通信正常后，调用读取实际转矩功能块，调用转矩控制功能块控制电机轴端的力矩输出，转矩设定值和力矩斜坡参数值均在触摸屏上设定。调用 MC_Stop 功能块来停止转矩模式的运行，程序如图 4-79 所示。

（五）在 SR_Main 调用需要的动作

在 SR_Main 中，调用的动作包括 A00 ~ A04_ErrorHandling 和 A08_MoveVelocity，如图 4-80 所示。

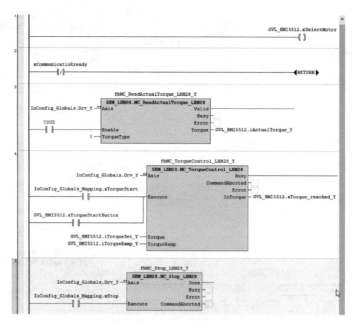

图 4-79　转矩控制程序

```
SR_Main  X
36    fbMC_MoveAbsolute_LXM28_Y_toTarget:SEM_LXM28.MC_MoveAbsolute_LXM28;
37    fbMoveUp_Z:SEM_LXM28.MC_MoveRelative_LXM28;
38    fbMC_Movedown_toD: SEM_LXM28.MC_MoveAbsolute_LXM28;
39    fbMC_returnHome_Z: SEM_LXM28.MC_MoveAbsolute_LXM28;
40    fbMC_returnHome_Y: SEM_LXM28.MC_MoveAbsolute_LXM28;
41    fbMC_returnHome_X: SEM_LXM28.MC_MoveAbsolute_LXM28;
42    xMoveAbsolute_A_Ok_X: BOOL;
43    xMoveAbsolute_B_Ok_Y: BOOL;
44    xMoveAbsolute_C_Ok_Z: BOOL;
45    xMoveAbsolute_up_Ok_Z: BOOL;
46    fbClampTime:tON;
47    fbTP_holdSuction: tp;
48    fbTP_releaseSuction: tp;
49    fbTON_drop: tON;
50    GLV_HMI5512: DINT;
51    fbMC_MoveUp_Z: SEM_LXM28.MC_MoveAbsolute_LXM28;
52    fbMC_MoveAdditive_X_toE: SEM_LXM28.MC_MoveAdditive_LXM28;
53    xMoveAdd_Switch: BOOL;
54    fbAutoStart:Standard.R_TRIG;
55    xAxisZ_UP: BOOL;
56    xAddiveDone: BOOL;
57    xMoveUp_Z_done: BOOL;
58    fbMC_MoveAbsolute_LXM28_test_X:SEM_LXM28.MC_MoveAbsolute_LXM28;
59    fbMC_MoveAbsolute_LXM28_test_Y:SEM_LXM28.MC_MoveAbsolute_LXM28;
60    fbMC_MoveAbsolute_LXM28_test_Z:SEM_LXM28.MC_MoveAbsolute_LXM28;
61    fbReadStatus_X: SEM_LXM28.MC_ReadStatus_LXM28;
62    fbReadStatus_Y: SEM_LXM28.MC_ReadStatus_LXM28;
63    fbReadStatus_Z: SEM_LXM28.MC_ReadStatus_LXM28;
64    fbMC_ReadActualVelocity_LXM28_X: SEM_LXM28.MC_ReadActualVelocity_LXM28;
65    fbMC_MoveVelocity_LXM28_X: SEM_LXM28.MC_MoveVelocity_LXM28;
66    diVelocity_Target: DINT;
67    fbMC_ReadActualVelocity_LXM28_Y: SEM_LXM28.MC_ReadActualVelocity_LXM28;
68    fbMC_MoveVelocity_LXM28_Y: SEM_LXM28.MC_MoveVelocity_LXM28;
69    fbMC_ReadActualVelocity_LXM28_Z: SEM_LXM28.MC_ReadActualVelocity_LXM28;
70    fbMC_MoveVelocity_LXM28_Z: SEM_LXM28.MC_MoveVelocity_LXM28;
71    fbMC_Halt_LXM28_X: SEM_LXM28.MC_Halt_LXM28;
72    fbMC_Halt_LXM28_Y: SEM_LXM28.MC_Halt_LXM28;
73    fbMC_Halt_LXM28_Z: SEM_LXM28.MC_Halt_LXM28;
74    fbMC_ReadActualTorque_LXM28_Y: SEM_LXM28.MC_ReadActualTorque_LXM28;
75    fbMC_TorqueControl_LXM28_Y: SEM_LXM28.MC_TorqueControl_LXM28;
76 END_VAR
```

A00_MotorSwitch ⁰　　A01_Safety ¹　　A02_CAN_Check ²　　A03_Enable ³

A04_ErrorHandling ⁴　　A08_MoveVelocity ⁵　　A09_TorqueControl ⁶

图 4-80　调用动作

（六）HMI 项目画面

打开 Vijeo Designer Basic 软件，创建 HMI 的位置控制的新项目，名称为【4_1_CANopen_MoveVelocity】，创建速度功能项目的画面。

在画面中，单击工具栏上的图标添加测量计，如图 4-81 所示。

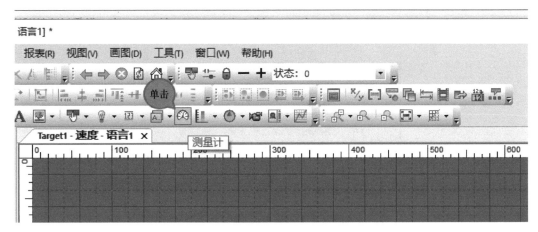

图 4-81　添加测量计

在【测量计设置】中设置变量的连接，单击👐，在【表达式编辑器】中选择变量，X 轴的速度选择【ActVel_RPM_X】，如图 4-82 所示。

图 4-82　变量的连接

点选【顺时针】后设置速度的最大值和最小值。最大值设置为 3000r/min。打开【标签】选项卡，设置显示位数是【4】，没有小数点，【标签数（N）】为【2】，增加可读性，标签的设置如图 4-83 所示。在数值显示属性界面中，勾选【允许数值显示】。

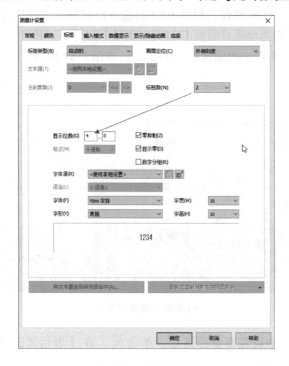

图 4-83　标签的设置

在画面 1 中，增加速度给定和实际速度的输入域，速度到达配置了单个指示灯，并加入伺服轴使能和状态显示相关内容，速度功能块的画面如图 4-84 所示。

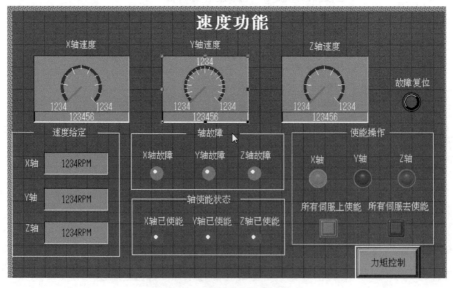

图 4-84　速度功能块的画面

在力矩控制画面 2 中，添加 X 轴使能的按钮开关，选择变量【Enable_Z】，单击时的操作选择【位】，开关按钮的设置如图 4-85 所示。

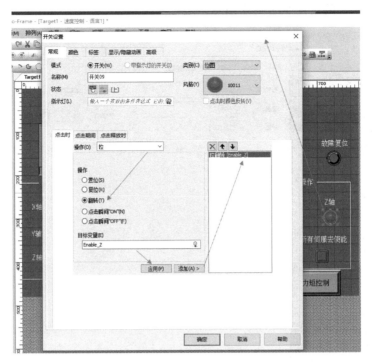

图 4-85 开关按钮的设置

X 轴速度给定输入域的设置如图 4-86 所示。

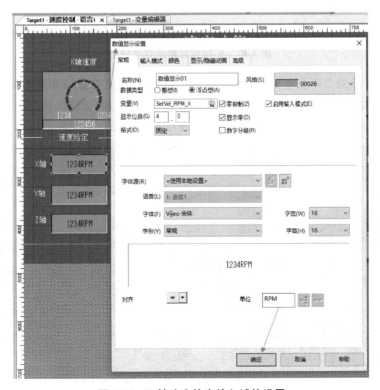

图 4-86 X 轴速度给定输入域的设置

Y 轴故障指示灯的设置如图 4-87 所示。

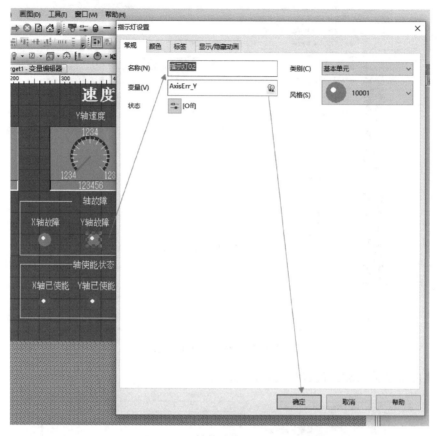

图 4-87　Y 轴故障指示灯的设置

添加一个 Y 轴的力矩测量计，同样的添加一个力矩设定数据域和力矩斜坡设定数据域，再添加一个故障复位按钮和力矩修改确认按钮，在修改和力矩功能块操作后需按力矩修改确认按钮后才能生效，在画面的右下角可切换到速度控制画面，力矩功能画面如图 4-88 所示。

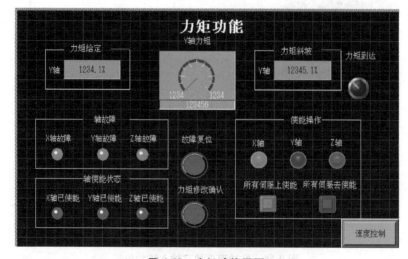

图 4-88　力矩功能画面

（七）HMI 变量

在 Vijeo Designer Basic 软件中，双击【工程】下的【变量编辑器】新建 HMI 变量，如图 4-89 所示。

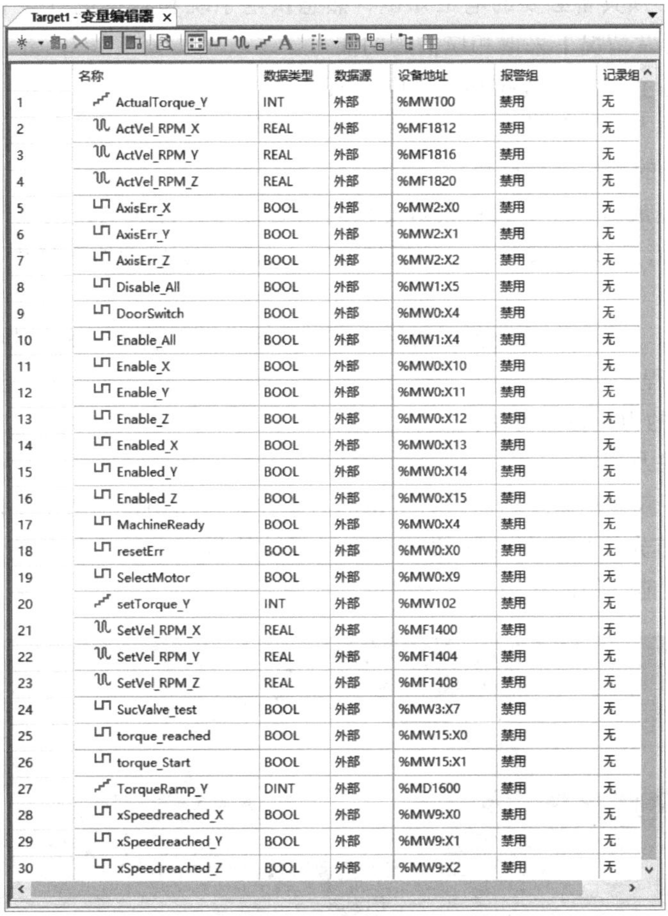

	名称	数据类型	数据源	设备地址	报警组	记录组
1	ActualTorque_Y	INT	外部	%MW100	禁用	无
2	ActVel_RPM_X	REAL	外部	%MF1812	禁用	无
3	ActVel_RPM_Y	REAL	外部	%MF1816	禁用	无
4	ActVel_RPM_Z	REAL	外部	%MF1820	禁用	无
5	AxisErr_X	BOOL	外部	%MW2:X0	禁用	无
6	AxisErr_Y	BOOL	外部	%MW2:X1	禁用	无
7	AxisErr_Z	BOOL	外部	%MW2:X2	禁用	无
8	Disable_All	BOOL	外部	%MW1:X5	禁用	无
9	DoorSwitch	BOOL	外部	%MW0:X4	禁用	无
10	Enable_All	BOOL	外部	%MW1:X4	禁用	无
11	Enable_X	BOOL	外部	%MW0:X10	禁用	无
12	Enable_Y	BOOL	外部	%MW0:X11	禁用	无
13	Enable_Z	BOOL	外部	%MW0:X12	禁用	无
14	Enabled_X	BOOL	外部	%MW0:X13	禁用	无
15	Enabled_Y	BOOL	外部	%MW0:X14	禁用	无
16	Enabled_Z	BOOL	外部	%MW0:X15	禁用	无
17	MachineReady	BOOL	外部	%MW0:X4	禁用	无
18	resetErr	BOOL	外部	%MW0:X0	禁用	无
19	SelectMotor	BOOL	外部	%MW0:X9	禁用	无
20	setTorque_Y	INT	外部	%MW102	禁用	无
21	SetVel_RPM_X	REAL	外部	%MF1400	禁用	无
22	SetVel_RPM_Y	REAL	外部	%MF1404	禁用	无
23	SetVel_RPM_Z	REAL	外部	%MF1408	禁用	无
24	SucValve_test	BOOL	外部	%MW3:X7	禁用	无
25	torque_reached	BOOL	外部	%MW15:X0	禁用	无
26	torque_Start	BOOL	外部	%MW15:X1	禁用	无
27	TorqueRamp_Y	DINT	外部	%MD1600	禁用	无
28	xSpeedreached_X	BOOL	外部	%MW9:X0	禁用	无
29	xSpeedreached_Y	BOOL	外部	%MW9:X1	禁用	无
30	xSpeedreached_Z	BOOL	外部	%MW9:X2	禁用	无

图 4-89　HMI 变量表

四、能力训练

（一）操作条件

1. 实验环境的要求：通风良好，温度为 15～35℃，相对湿度为 20%～90%，照度为 200～300lx，无易燃易爆及腐蚀性气体或液体，无导电性粉尘和杂物。

2. 实验室的要求：应有安全用具、防护用具和消防器材等。

3. 实验台的要求：实验台与电气系统设计相一致，电控柜接地良好，电机绝缘良好，设备元器件齐全，无脱线现象。实验台稳固，台面清洁。

4. 工具和仪器仪表的要求：符合装备和调试的常用工具和仪器仪表。定期检查、清洁以保证其性能良好。

5. 操作计算机的要求：操作系统安装完成后，PC 网口或 USB 端口能够正常工作。

（二）安全及注意事项

1. 实验台设备应符合 IEC 61508-2—2010 标准，即符合电气/电子/可编程电子安全相关系统的要求。实验人员必须严格执行国家的安全作业规定。

2. 操作人员必须具备必要的电工知识，熟悉供电系统和各种电气设备的性能和操作方法，还应具备在异常情况下采取相应措施的能力。

3. 实验期间禁止乱放、乱拉和乱接电线电缆。

4. 在进行供电与停电操作及相关的电气实验操作时，必须穿戴合格的绝缘手套和绝缘鞋，必须按照正确的顺序进行操作。

5. 接线作业完成后，经实验室教师复核同意后方可进行通电，或电气实验操作；实验操作分为两组人员，一组做实验，另一组进行安全监控，实验的所有进程都应有教师的监督和指导。

6. 实验结束后，恢复实验设备至初始状态，清理台面并将工具和仪器仪表归位。

（三）操作过程

1. 掌握 HMI 的力矩控制方法的上机实验

（1）操作方法及说明

存盘编译后下载，按速度画面的右下角的力矩控制按钮切换到力矩功能画面。

在 HMI 中，首先按故障复位按钮，清除伺服轴的报警，然后按所有伺服轴使能按钮，三台伺服轴正常使能，使能状态灯变为绿色，如图 4-90 所示。

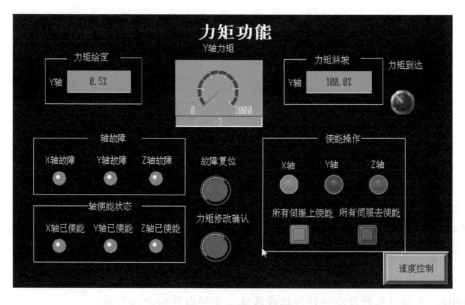

图 4-90　伺服驱动器使能

（2）质量标准

三个伺服驱动器没有故障并且 3 个伺服驱动器正常使能。

2. 掌握 HMI 的力矩设定实验

（1）操作方法及说明

在力矩控制输入输出域中设置 100，即力矩给定为 10%，设定力矩给定值如图 4-91 所示。

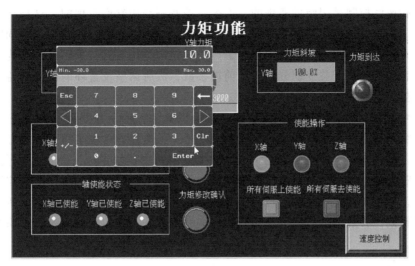

图 4-91　设定力矩给定值

按力矩修改确认按钮，力矩仪表盘的实际转矩在 100 左右波动，力矩显示仪表为-156 左右。

（2）质量标准

按照前面的方法设置 20% 和 30% 力矩给定，力矩仪表盘的显示在 200 和 300 波动，力矩显示仪表分别为-356 左右和-560 左右，30% 力矩给定时面板的显示如图 4-92 所示。

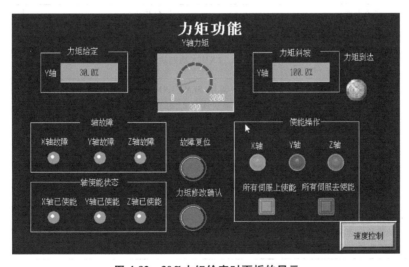

图 4-92　30%力矩给定时面板的显示

力矩给定值为 30% 时力矩仪表的显示如图 4-93 所示。

问题情境一：

LXM28 伺服驱动器的线性方式和非线性控制模式的区别？

伺服控制器通常使用传统的位置环、速度环和电流环三环嵌套的结构方式。这种控制方式产生的

图 4-93　力矩给定值为 30%
时力矩仪表的显示

年代，电流和速度控制是用硬件实现的，而位置控制则是用软件实现的。这种控制结构经过多年的使用和实践，证明了其在多种行业应用的适用性和可靠性，并且在调整伺服电动机性能时，调整方法简单易学，因而目前仍是最广泛的控制结构方式，采用这种结构调试时，首先应调整速度环的比例增益、积分增益和前馈参数，然后调整位置环的比例增益，而电流控制参数一般被厂家锁定不需要调整。

HD 控制（HDC）是 LXM28 伺服驱动器独有的算法，使用并联分支控制方式，所有支路处于同一级别并在一个采样周期内同时执行。每一条支路包含一个可变的增益参数 VG 并自动优化，以满足高增益和高稳定性。该算法主要由两个模块组成，一个是可变增益模块，用于减小跟随误差；另一个是自适应前馈模块，用于减小整定时间。该算法在控制理论上比较新颖超前，但是调试比较复杂，且由于对位置误差和负载的刚性过于敏感，所以比较容易引起速度的超调，参数的适应性不如传统三环嵌套的算法。在实际使用时，目前推荐使用线性控制算法。

问题情境二：

当伺服驱动器发生报警时，是否可以在不断电的情况下清除报警？

只有少数报警需要伺服驱动器重新上电才能清除，大多数报警可以通过故障复位逻辑输入的上升沿或者调用 MC_Reset_LXM28 功能块来复位，还有少数报警例如欠电压等报警，将 P2-66 设为 4 后，电源电压正常后，报警才会自动清除。

（四）学习结果评价

序号	评价内容	评价标准	评价结果
1	在程序中调用 SEM_LXM28. MC_ReadActualVelocity_LXM28 功能块的作用	掌握通信正常后程序调用 SEM_LXM28. MC_ReadActualVelocity_LXM28 功能块可以读取伺服轴的运行速度	
2	在程序中，哪个功能块用于读取 Z 轴速度	程序中调用 SEM_LXM28. MC_ReadActualVelocity_LXM28 功能块读取 Z 轴的速度，如下图 fbMC_ReadActualVelocity_LXM28_Z SEM_LXM28.MC_ReadActualVelocity_LXM28 Drv_Z → Axis / Valid true → Enable / Busy 0 → VelocityType / Error Velocity	
3	调用 MC_MoveVelocity 功能块实现伺服 X 轴按给定速度运行，说出这个使能功能块的引脚名称	使能 MC_MoveVelocity 功能块的引脚名称是 Enalbe	

五、课后作业

（一）调用 MC_MoveVelocity 功能块实现伺服 X 轴按速度运行。

（二）在 HMI 界面中添加的轴的【测量计】连接的变量 ActVel_RPM_X，是在【表达式编辑器】中选择的变量。

参 考 文 献

［1］　王兆宇，沈伟锋. 施耐德 TM241 PLC、触摸屏、变频器应用设计与调试 ［M］. 北京：中国电力出版社，2019.

［2］　王兆宇. 深入理解施耐德 TM241/M262 PLC 及实战应用 ［M］. 北京：中国电力出版社，2020.

［3］　王兆宇. 变频器 ATV320 入门与进阶 ［M］. 北京：中国电力出版社，2020.

［4］　王兆宇. 施耐德变频器原理与应用 ［M］. 北京：机械工业出版社，2009.

［5］　王兆宇. 施耐德 PLC 电气设计与编程自学宝典 ［M］. 北京：中国电力出版社，2015.

［6］　王兆宇. 施耐德 UnitProPLC 变频器触摸屏综合应用 ［M］. 北京：中国电力出版社，2018.

［7］　王兆宇. 施耐德 SoMachine PLC 变频器触摸屏综合应用案例精讲 ［M］. 北京：中国电力出版社，2016.

［8］　王兆宇. 彻底学会施耐德 PLC、变频器和触摸屏综合应用 ［M］. 北京：中国电力出版社，2012.

［9］　王兆宇. 一步一步学 PLC（施耐德 SoMachine）［M］. 北京：中国电力出版社，2013.

［10］　施耐德电气有限公司. EcoStruxure Machine Expert 运动控制库指南 ［Z］. 施耐德官方网站.

［11］　施耐德电气有限公司. TM241 用户指南 ［Z］. 施耐德官方网站.

［12］　施耐德电气有限公司. LXM28 User Guide for FW1.70.08_CN.［Z］. 施耐德官方网站.